万葉歌とめぐる 野歩き植物ガイド

春〜初夏

山田隆彦・山津京子 著

太郎次郎社エディタス

はじめに

朝、バスを待っていてふと気づくと、足元の石畳の間からノジスミレが色づいたつぼみをもたげています。毎年、変わらない風景で、その姿を見て春の訪れを感じ、野山に出かけるきっかけとなります。春にかぎらず、植物は、一年をつうじて楽しめるものです。

私たちは、誰かと親しくなるために、まず、その人の名前を覚えます。植物も同じで、仲良くなるには名前を覚えることがスタートとなります。さらに、深く知ることで、その人により親しみを感じるように、名前を覚えた植物のことを深く知ることで、より親しくなっていくのです。

最近、デジタルカメラの普及によって、誰でも、簡単にきれいな植物写真を撮ることができるようになりました。これにより、植物好きが増えたのは喜ばしいことです。ところが、撮影中につい夢中になってまわりの植物に気がいかず、他の植物を踏み荒らしてしまっている光景を目にすることが多々あります。

植物はみずから移動することができません。危険を察しても、その場でじっと耐え忍ばなければならないのです。

東京都の高尾山での話です。アズマイチゲなど「スプリング・エフェメラル」（春の妖精）と呼ばれる植物たちが群落をつくり、素晴らしい景色の場所がありました。その写真を撮りに年々訪れる人が増え、踏み荒らされ、個体数が減っていきました。その場所は今、立入禁止になり、入れなくなっています。植物にとってはよかったものの、私たちにとっては残念なことです。

こういう事例があちらこちらで起こっています。植物を観察するときや写真に撮るときは、まわりの植物にも気をつけてやりたいものです。

植物が好きになってくると、植物を大事にする気持ちが深まり、大切にするでしょう。

多くの方々が、植物と親しくなっていただけるように、植物の素晴らしさを伝えたいという思いをこの本に託しました。

植物を楽しむ方法はいろいろありますが、この本では、万葉集に詠まれた代表的な花を垣間見ながら、身近に見られる植物たちを紹介しました。皆様が植物と親しむ一助となれば幸いです。

山田隆彦

万葉集と万葉植物について

『万葉集』はわが国最古の和歌集で、全20巻。４世紀の仁徳天皇の御代から奈良時代も終わりに近づいた淳仁天皇の時代、天平宝字３年（７５９年）までの歌が収録されています。

その数は４５００首にものぼり、長歌、短歌、旋頭歌などが収められています。

『万葉集』という名には、一般に「万《よろず》の言葉でつづられた歌集」という意味や、「万世ののちまで伝わるべき歌集」という意味があるといわれています。

その名前を象徴するように『万葉集』には、男女の恋を詠みあう「相聞歌」、死者を悼み哀傷する「挽歌」、そして、宮廷内や旅先での歌や自然や四季を愛でた歌などの「雑歌」の３つに分かれて、じつにさまざまな歌が収録されて

います。

また、歌が詠まれた場所は陸奥《むつ》（青森）から筑紫（鹿児島）まで幅広く、詠み人も、ありとあらゆる階層の人が登場します。

そのため『万葉集』は、単に和歌を鑑賞するだけでなく、万葉の時代に生きた人びとの生活や文化、なにより古《いにしえ》の人たちの想いを知る貴重な資料でもあるのです。

なかでも、本書で取り上げたように、なんらかの形で植物が詠まれている歌は１７００首あまりあり、歌に登場する草花や樹木は１６０種類以上にものぼります。

また、そうした歌には、植物の幹や枝、花、葉、実、根など、詠まれた植物が本来もつ生態や形、色、香りなどが、鋭い観察眼をもって見事に描かれています。

これらの歌を読んでいくと、万葉人が自然とともに生き、自然に憧れ、それを心の拠りどこ

ろにしていたことがとてもよくわかります。

本書は、野歩きをする際に、そんな万葉人の想いを少しでも感じていただくために、万葉植物をほかの植物より大きく、歌とともに紹介しています。

春の歌には厳しい冬を終えた喜びが満ち溢れています。モモの花の下で出会った美しい乙女の姿や芽生えたばかりの恋も詠まれています。現代、日本を象徴するサクラの歌よりも、万葉時代にはウメの歌が多く詠まれています。

夏の歌にはうっとうしい梅雨に邪気を払い、病魔災害を除き、一族郎党の安全を祈願するタチバナやショウブの薬玉を飾る歌が登場します。そうかと思えば強烈な太陽のもと、うっそうと茂る草むらにひっそりと咲くユリが、人知れぬ恋の象徴として詠まれています。夏の花の盛りを生命の躍動感として詠んだ歌もあります。

また、秋には『万葉集』でもっとも多く歌わ

れているハギの歌が登場します。野生のハギの花が咲き乱れる美しい景色を詠んだ歌、庭に植えたハギを見ながら恋する人を偲《しの》んだ歌、鳴く鹿とハギをいっしょに詠んで、旅する子どもを心配する歌。ハギの歌には、当時のさまざまな情景が描かれています。

そして、冬には白樺の木と雪をいっしょに詠んで、静かな美しい銀世界を綴った歌や、まっ白な雪の中に鮮やかな赤い実をつけるヤブコウジの姿を詠んだじつに視覚的な歌が登場します。

春夏秋冬のある日本には、世界のなかでも多くの草花や木が生育しているといわれていますが、本書を片手に野歩きをすることで、それをより実感していただけたらと思います。そして、万葉人と同じく、自然との一体感を味わっていただけたら、なによりうれしく思います。

山津京子

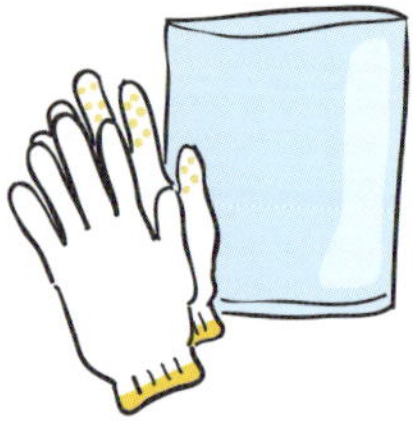

軍手・ビニール袋

軍手は、汚れた枝や刺のある枝・茎をさわるのに便利。ビニール袋は、落ち葉や草花の採取に使うことができる。

双眼鏡

近づくことができない、遠くの木や花の観察におすすめ。ただし、カメラの望遠レンズのズームアップ機能でも代用できる。

GPS受信機

出会った植物の正確な位置を把握するだけでなく、後日、歩いたルートを確認し、パソコンなどで詳細な観察ルートを残すこともできる。

デジタルカメラ

メモ代わりに使える。できれば、タイミングを逃さずクオリティも確かな、一眼レフが望ましい。スペアの電池や記憶媒体も忘れずに持参したい。

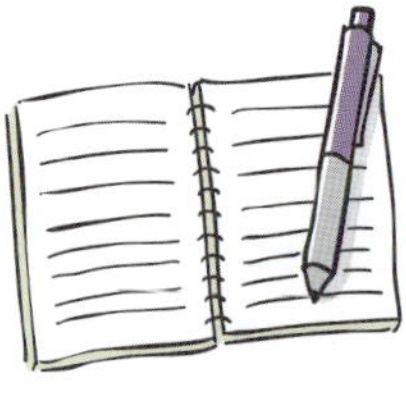

フィールドノートとペン

出会った植物の名前や特徴をメモしたり、スケッチをしたりするための筆記用具のセット。ノートはポケットに入るA6サイズがおすすめ。筆記用具はスペアを忘れずに持参したい。

図鑑

植物名やその特徴を知ることができる。「野に咲く花」「山に咲く花」などの目的地別や、「樹木図鑑」「草花図鑑」など植物の種類別のものがある。少しずつ入手して使ってみたい。

野歩きの服装と持ちもの

装備は万全に！
白っぽい長袖＆長ズボンが基本

虫に刺されたり、枝や葉でケガをしないよう、服装は長袖・長ズボンが基本。黒っぽい服装はハチに刺される恐れがあるので、白っぽい色目の服を心がけて。バッグは両手が使えるリュックサックがベスト。

持って行くと便利なグッズ

持ちものは、まず虫よけスプレーや日焼け止めクリームを忘れずに。スポーツドリンクなどの飲みものや、飴やクッキー、チョコレートなどの菓子類を持参すると、疲れたときの簡易な栄養補給ができて便利。

●植物観察に役立つ持ちもの

標本をはさむノートや雑誌

採取した植物を各ページにはさむためのもの。植物を傷つけずに持ち帰ることができる。

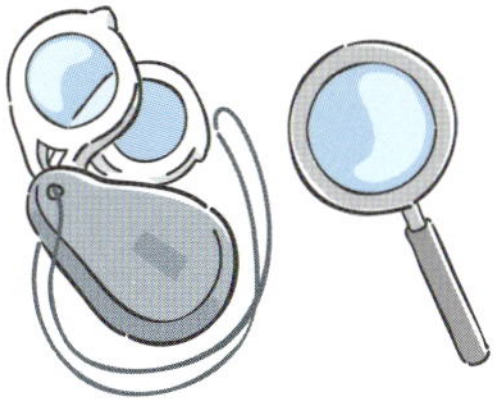

ルーペ（虫眼鏡）

高価なものでなくてもいい。ひとつあると、茎や葉の毛や小花など、植物の細部の観察に便利。

植物の撮影の仕方

写真の撮り方

植物全体をまず撮影し、その次に花や葉、茎などそれぞれアップを撮影しておこう。自分で気になったところも忘れずに撮影しておくこと。あとから名前や種類を確認するときに役立つ。

写真データの整理の仕方

撮影したデータは、撮影後、なるべく早く整理するのが鉄則。時間が経つほど記憶があいまいになって、データもたまり、時間も手間もかかってしまう。

データをカメラから取り出して保存する際は、ファイル名に撮影日・撮影場所を必ず入れること。たとえば、2013年2月13日に高尾山で撮影したデータなら、「20130213／高尾山」というふうにつける。すると、自然と昇順に並ぶのでデータ整理が容易にできる。また、撮影した場所の名前検索でデータを簡単に探すことも可能となる。

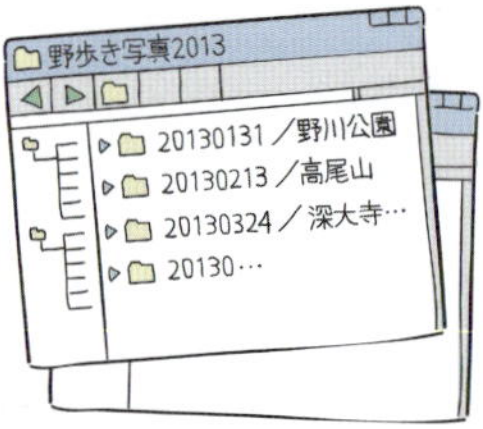

データのバックアップは必ずとっておきたい。CD-RやDVD-Rでもいいが、おすすめは、外付けのハードディスクへの保存。容量をあまり気にせずに保存することができる。

そろえたい道具

一眼レフのデジタルカメラ

一眼レフがもっとも望ましいが、接写ができるものであれば小型のオートデジタルカメラでもOK。あとは各自の好みのデザインやメーカーで選ぶといい。

マクロレンズ

接写をするために、できればそろえたいアイテム。50㎜があれば最適。観察会などでレンズ交換をする時間がない場合は、13～135㎜などのズームレンズがあると便利。

三脚&リモートレリーズ

リモートレリーズは、離れた場所からもシャッターが切れるので、ひとつあると便利。三脚とともに使うと手振れがなく、美しい写真を確実に効率よく撮ることができる。

植物ウォッチングのポイント

植物名は人に聞いて覚えるのがいちばんの早道

植物の名前を覚えるには、最初は実際の植物を目の前にして、その場で人に聞いて覚えるのがいちばんおすすめ。カルチャーセンターや植物の会などが開催する観察会では、指導員に植物の名前だけでなくその特徴も教えてもらえる。観察会に何度か参加しているうちに、ある程度の知識が自然に身につけられる。

1年間、同じ場所に通うのもおすすめ

最初は自分のフィールドをひとつ決めて、そこへ1年間、定期的に通ってみよう。そうすることで、ひとつの植物の一生を観察できると同時に、そのフィールドに生育する植物の種類や分布を把握することもできる。慣れた場所を歩くことで、季節の移ろいを余裕をもって実感しながら、植物の基本的な知識も身につけることができる。

フィールドの植物を調べてから出かける

観察に出かけるときには、目的地のフィールドに生育する植物について、インターネットなどであらかじめ調べておくといい。実際に現地に行ってから、余裕をもって観察をすることができる。

図鑑とデジカメ&ノートの併用がおすすめ

植物の名前がその場ですぐにわからない場合は、デジカメやノートに特徴を記録しておき、あとで図鑑で調べるといい。じっくり調べられるだけでなく、印象がしっかり残るので名前も覚えられる。

植物を目に近づけて見るのがルーペ使用の基本

植物観察というと、ルーペを植物に近づけて見る人が多いが、ルーペは目に近づけておいて、見るべき植物をルーペに近づけて見るのが正しい観察の仕方。対象物の詳細を大きく見ることができる。

●標本の作り方

[用意するもの]
新聞紙（植物を乾燥させるため）／板（新聞紙1枚の4分の1程度の大きさのものを2枚。ベニヤ板でOK）／重石（つけもの石など10kgくらいの重さのもの）／ティッシュペーパー

[準備すること]
新聞紙を「はさみ紙」と「吸水紙」に切る。
「はさみ紙」は、新聞紙1枚を半分に切ってふたつ折りにしたもの。間に採集してきた植物をはさむので、標本にする植物の数だけ準備しよう。
「吸水紙」は、新聞紙1枚を4つ折りにしたもの。または、1枚の半分をふたつ折りにしたもの。

❶植物を乾燥させる

下から、板→吸水紙→植物をはさんだはさみ紙→吸水紙→植物をはさんだはさみ紙→吸水紙……→板→重石の順で重ねて乾燥させる。最初の1週間ぐらいは毎日吸水紙を取り換えて、その際、標本を確認して形を整えよう。1週間後からは2日おきでいい。ほぼ2～3週間で完成する。

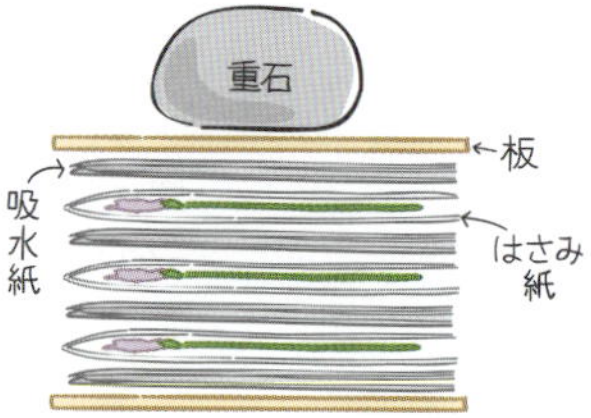

❷台紙に標本を貼る

自分の勉強のためなら、完全な標本はいらない。B5サイズくらいのものでも十分だ。標本用台紙は専門店で販売しているが、子どもが使う「お絵かき帳」などを利用するといい。

標本の形を整え、動かないよう、白いテープで固定する。テープは液体のりをコピー用紙一面に塗り、4回ぐらい重ね塗りをしたものを細く切って使うといい。水を含んだスポンジにのりのついた部分を湿して貼りつけよう。

❸ラベルを右下に貼る

右のようなラベルを作って、台紙の右下に貼って完成する。適当なビニール袋かクリアファイルに入れておくと、きれいに保存できる。

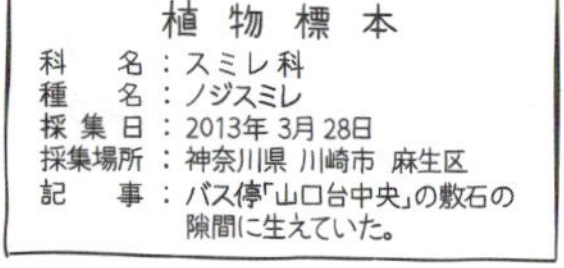

標本作りの原則

植物分類学の世界では、植物標本が研究のベースとして欠かせない。野歩きで植物を楽しむアマチュアの方々も、必要最小限に採集して、標本にして手元に置いておくことで、植物を深く知るのに役立つ。

ただし、植物採集には、自然を壊さない万全の配慮が必要となる。国立公園や県立公園、特定植物保存地区などでは、すべて採集が禁止されている。採集は、道端や保護されていない丘陵などでおこなおう。その際も自然環境を壊さないように、少しだけ摘んで持ち帰りたい。

●採集の仕方

❶観察と記録をきちんとしてから採集する

採集の前に、どういうところに、どのように生えているか、花や実、葉のつき方などを観察しよう。そのとき、メモをとっておくと便利。あとで標本を完成させる際に貼りつける、ラベルに記入するときに困らない。

〈メモしておくとよいこと〉
- あとで植物名を調べるヒントになりそうなこと
- 採集日や採集地など

❷部位がそろった植物を採集する

根、茎、葉がそろっているもの。季節によっては花や実がついているものを選んで採集したい。植物の特徴がよくわかるものを選ぼう。

❷傷つけないよう最小限のものを採集する

草は、根ごと移植ごてなどで掘る。木の場合は、花や実がついている枝先を40〜50㎝くらいの長さに切る。花や実がバラバラにならないよう気をつけよう。

〈採集のマナー〉
- 採集禁止区域かどうかを必ず確かめる。私有地の場合は、持ち主に断ってから採集すること。
- 標本に使う数だけ、最小限のものを採集する。

P178～P185の解説もあわせてご参照ください。

サトイモ科の花

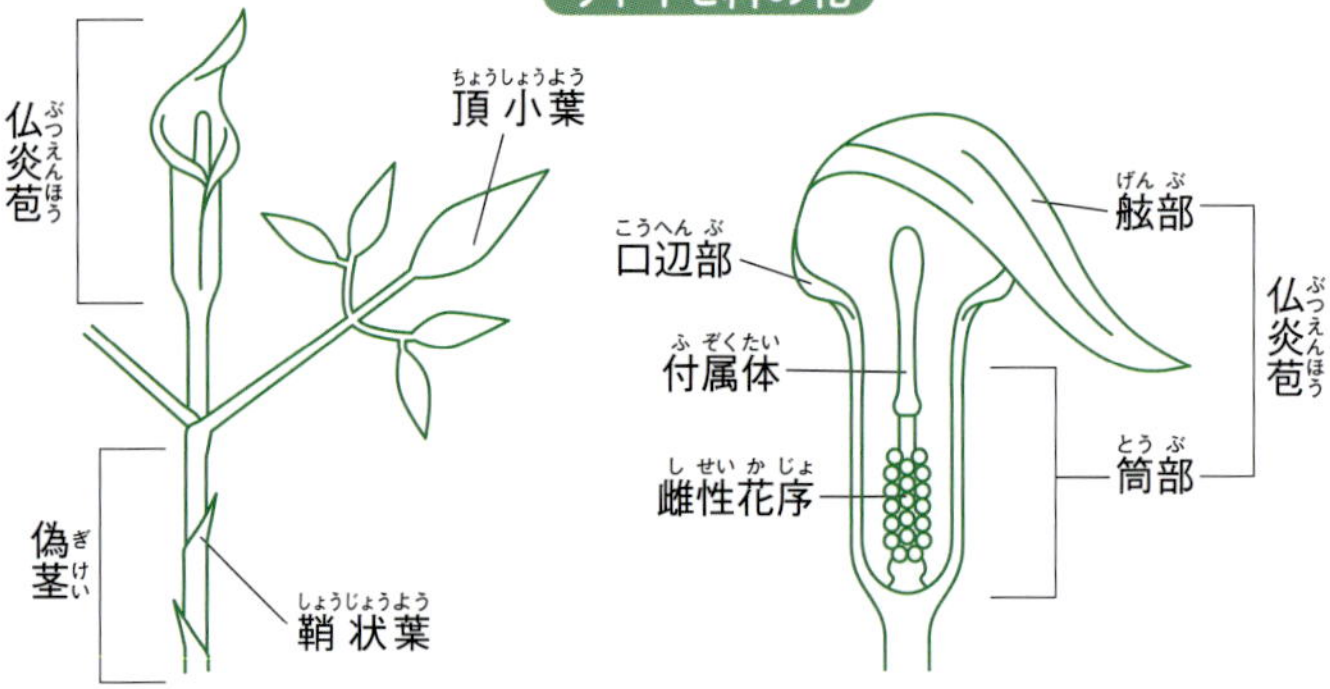

スミレ科の花

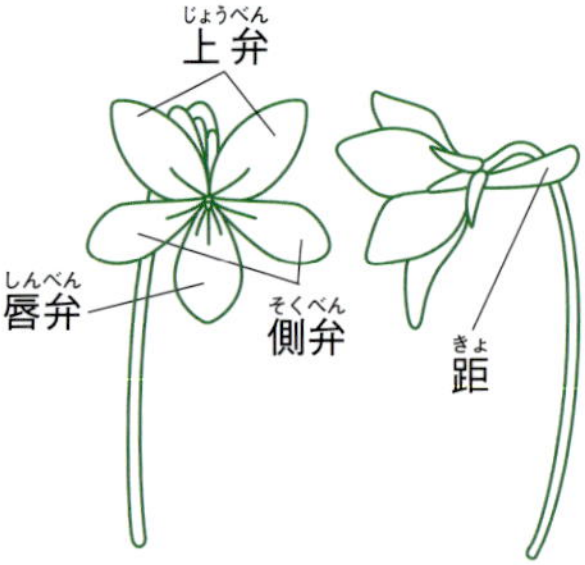

アヤメ科の花

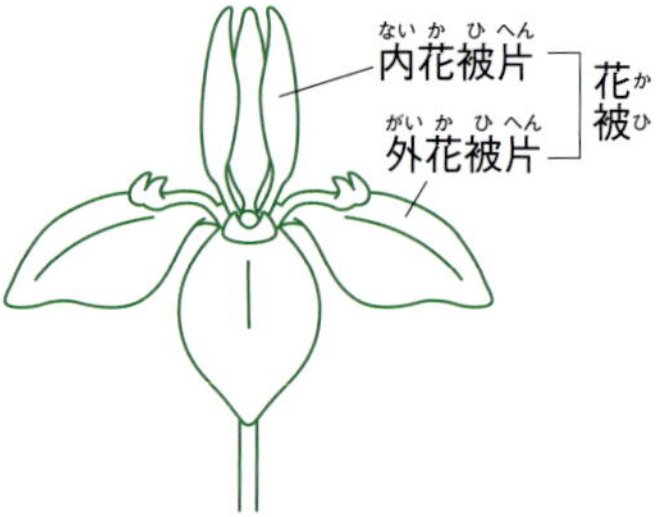

カヤツリグサ科の花

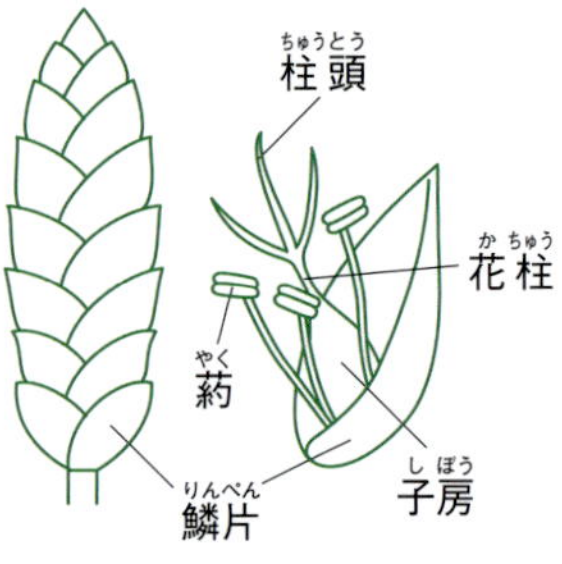

イネ科の花

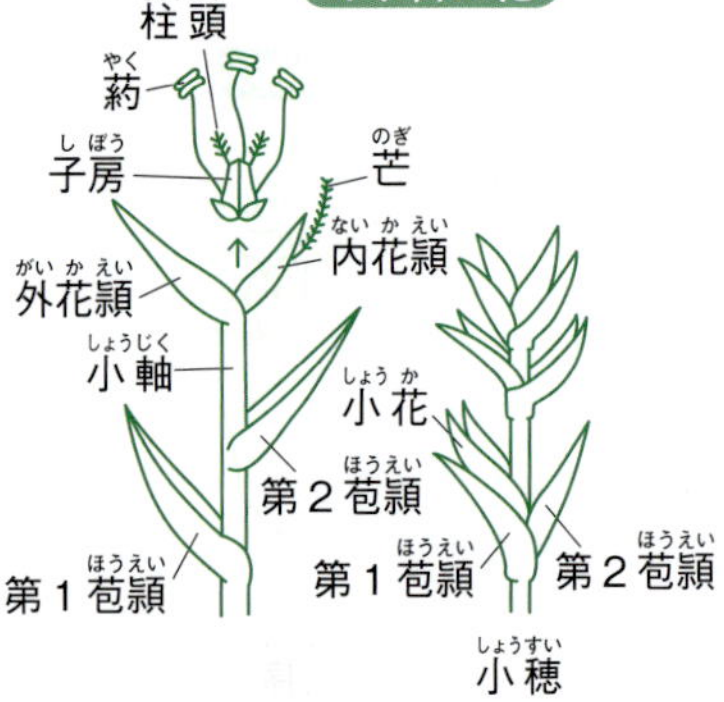

花のつくり

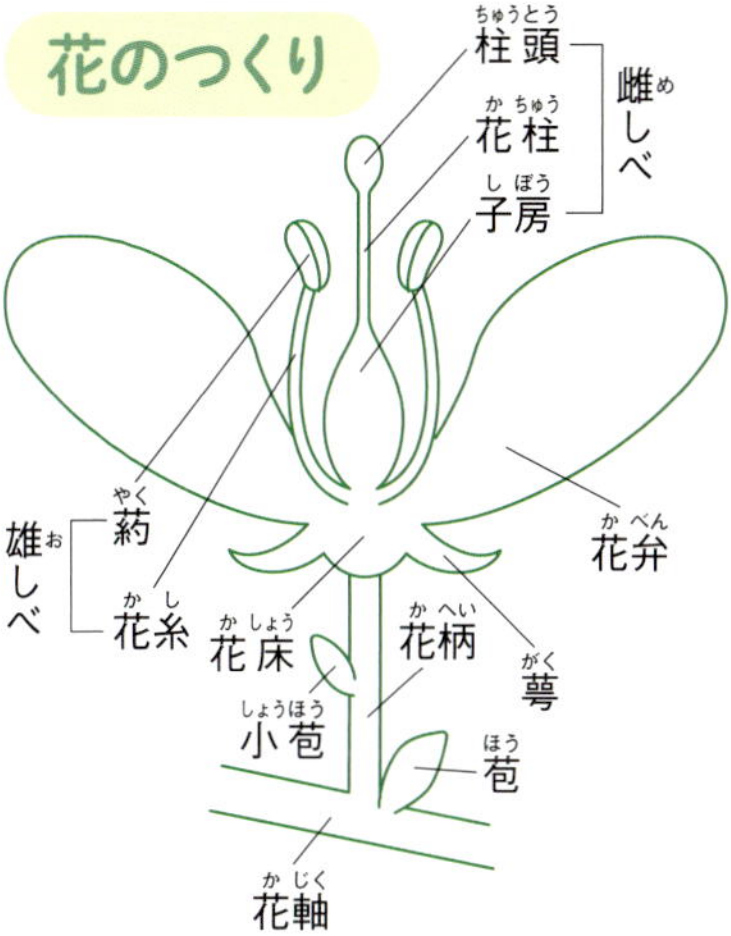

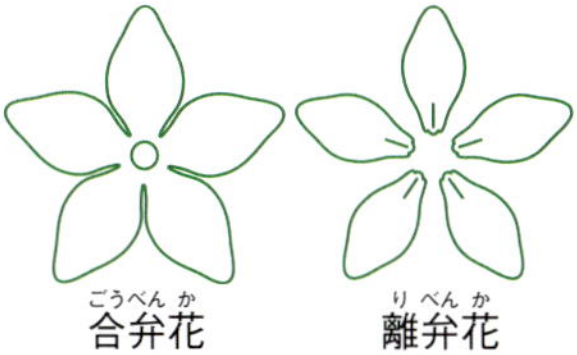

マメ科の花

＊この花の形を蝶形花《ちょうけいか》という。

キク科の花

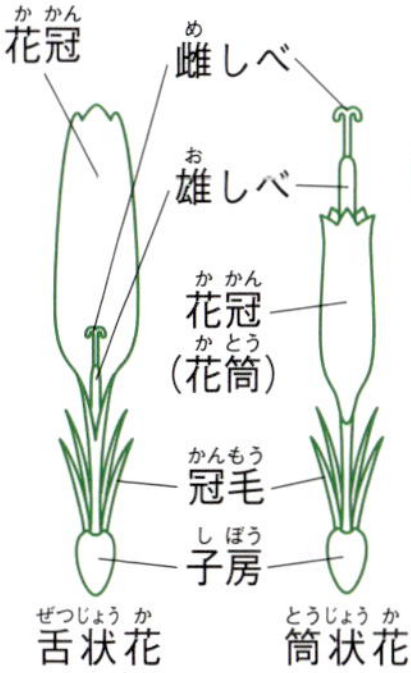

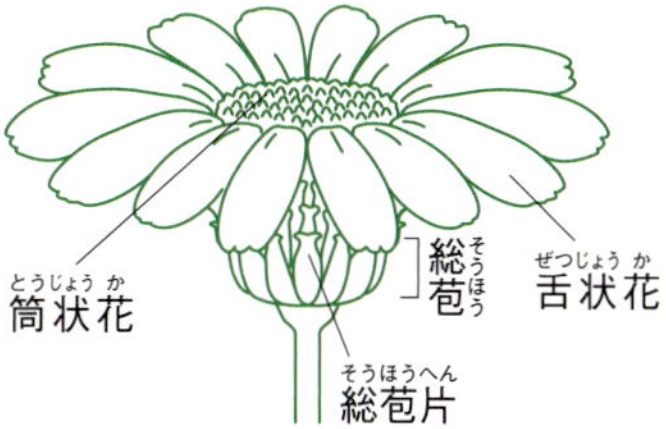

トウダイグサ科の花

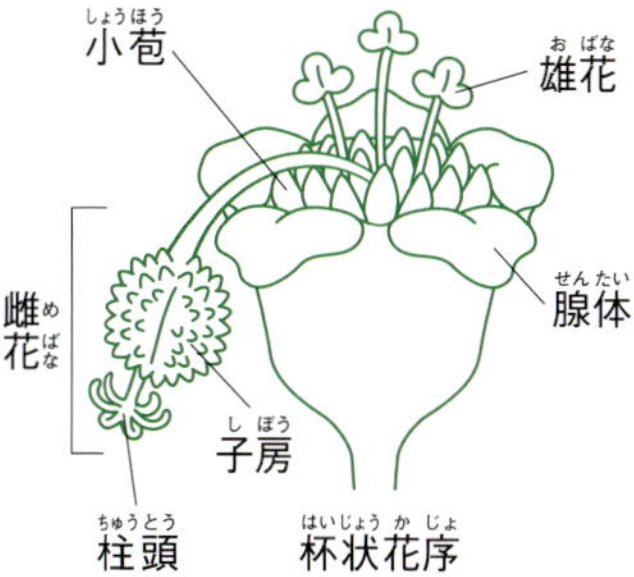

ラン科の花

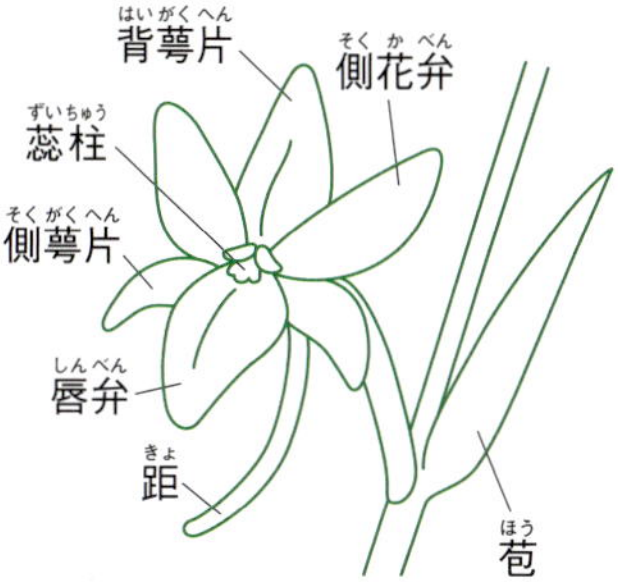

葉のつくり

葉の形

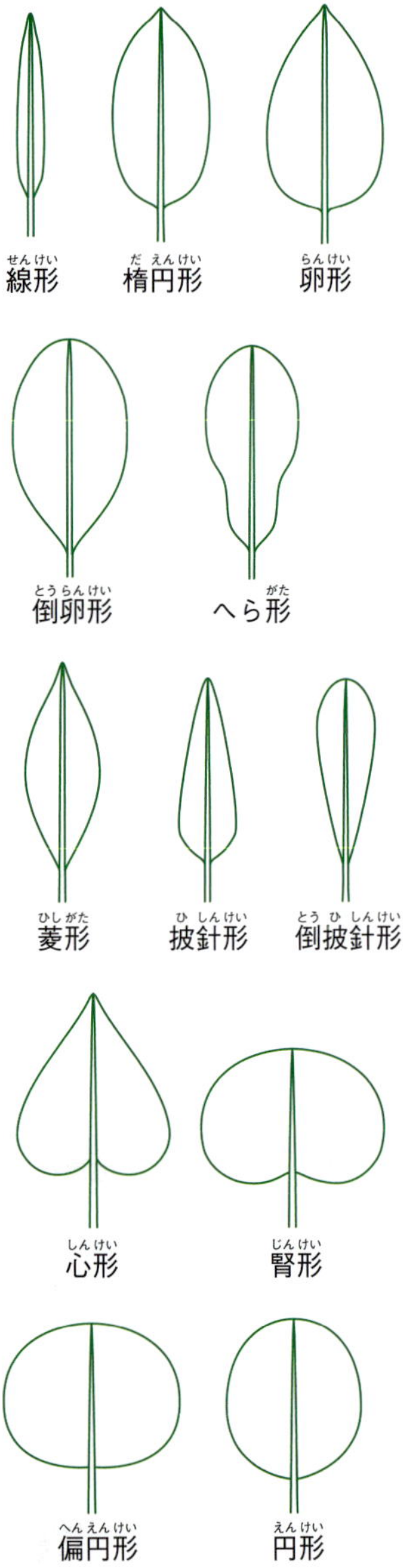

葉の基部の形

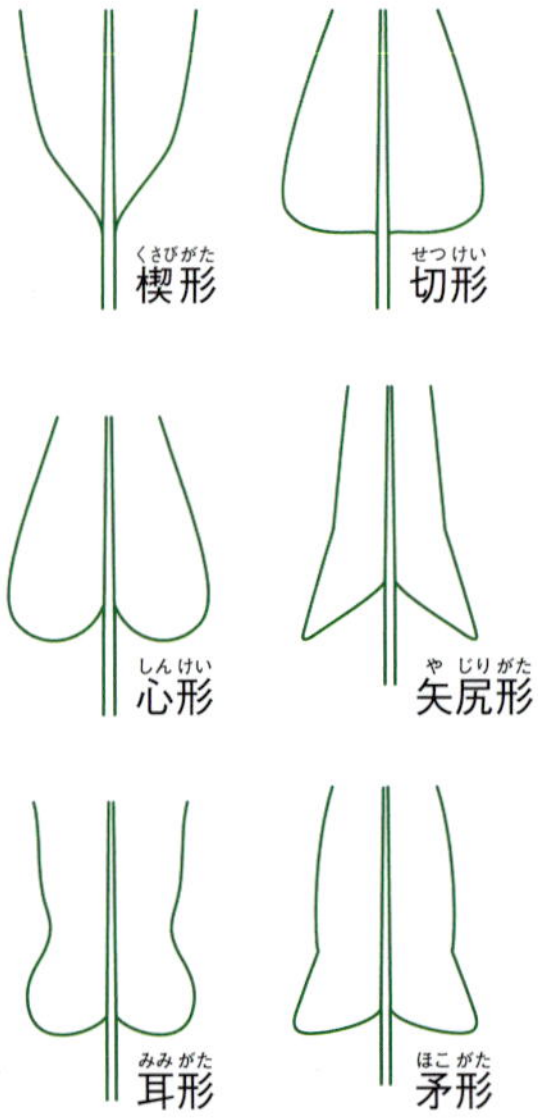

花の形

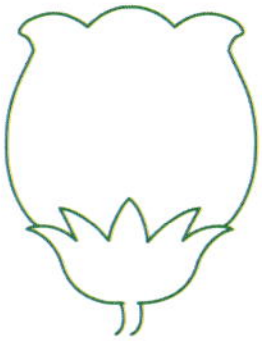

壺形《つぼがた》

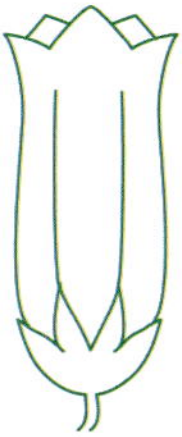

鐘 形《しょうけい》

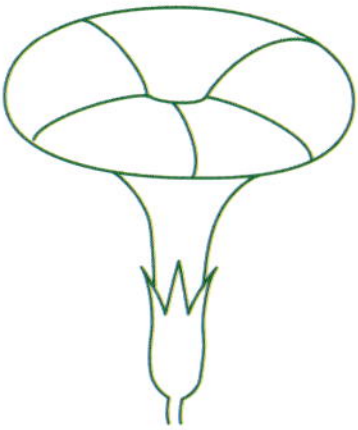

漏斗形《ろうとがた》

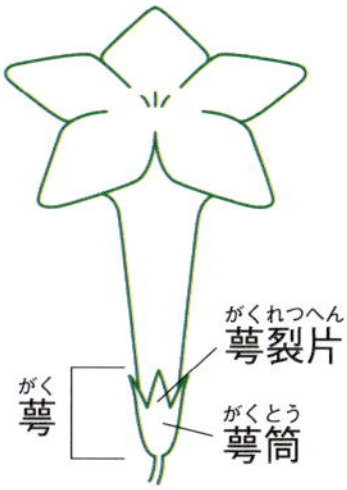

高杯形《こうはいがた》

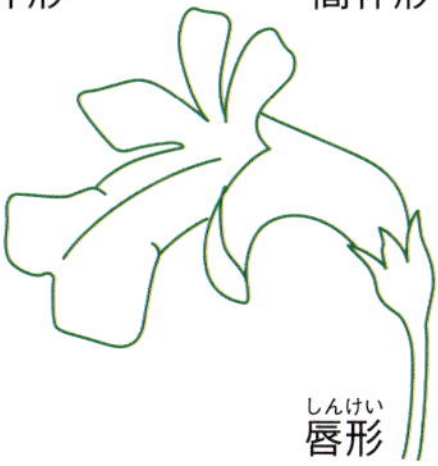

唇形《しんけい》

花序《かじょ》の形

複散形花序《ふくさんけいかじょ》

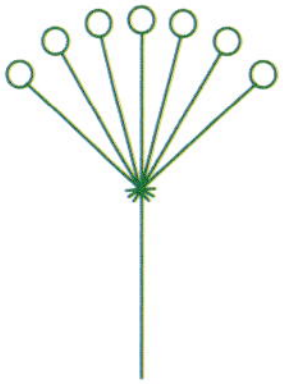

散形花序《さんけいかじょ》

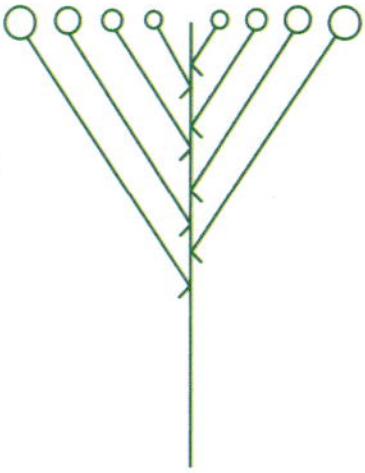

散房花序《さんぼうかじょ》

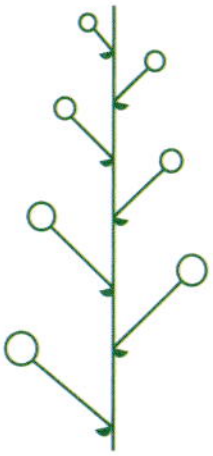

総状花序《そうじょうかじょ》

穂状花序《すいじょうかじょ》

尾状花序《びじょうかじょ》

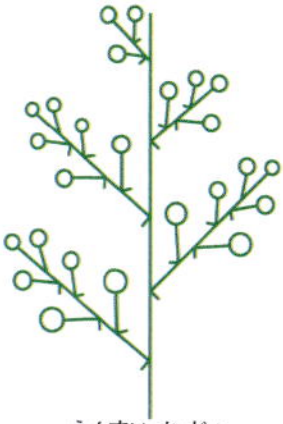

円錐花序《えんすいかじょ》

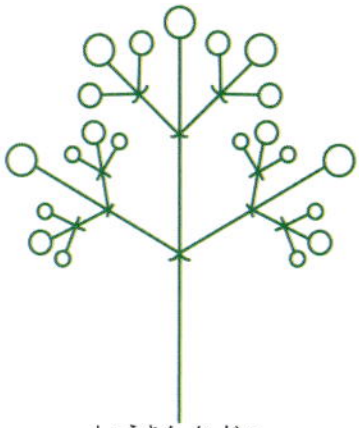

集散花序《しゅうさんかじょ》

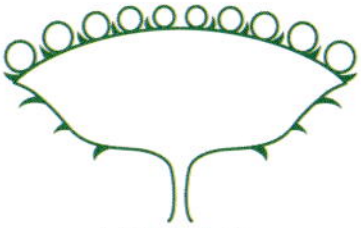

頭状花序《とうじょうかじょ》

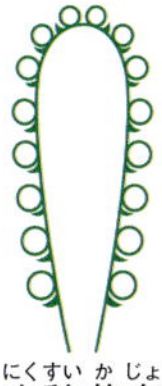

肉穂花序《にくすいかじょ》

複葉《ふくよう》

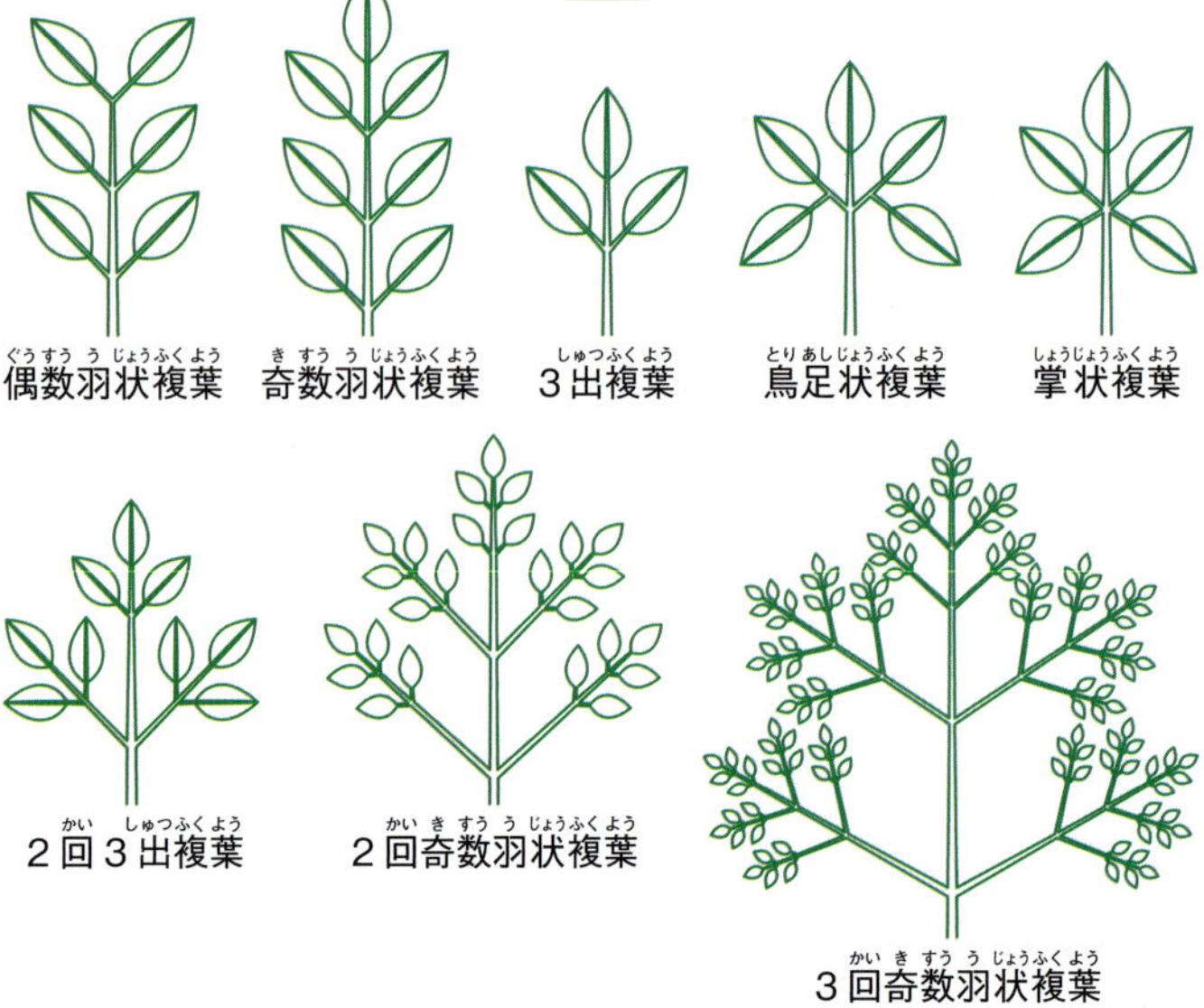

イネ科の葉

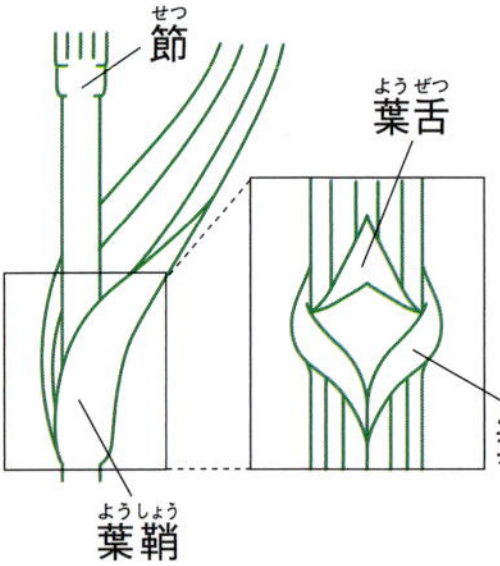

タデ科の葉

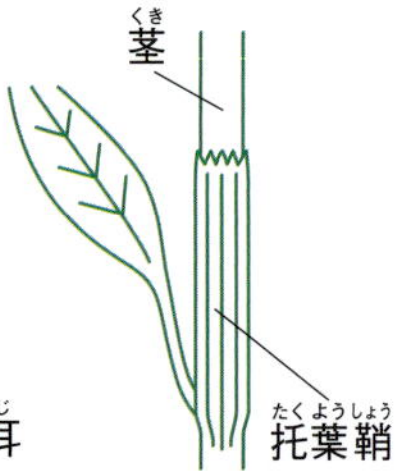

毛と刺《とげ》の形

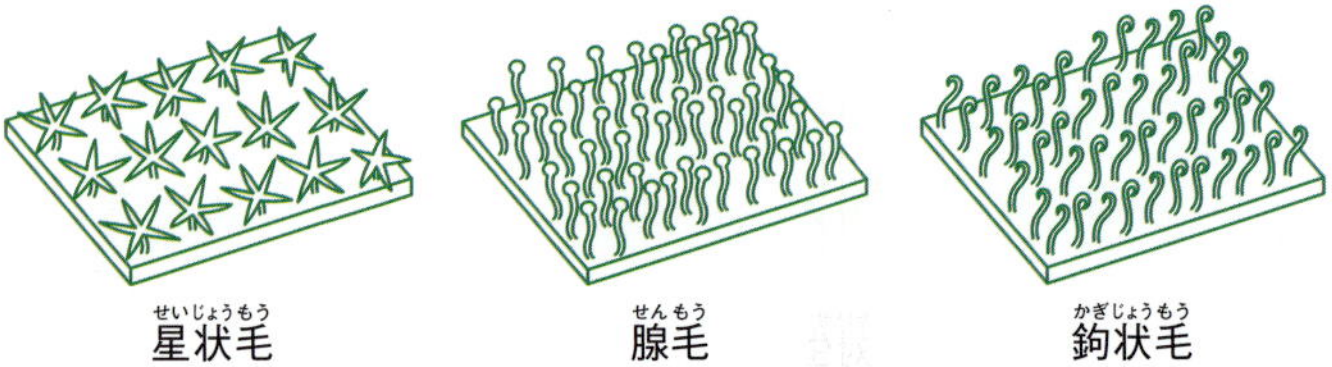

葉縁《ようえん》の形と裂け方

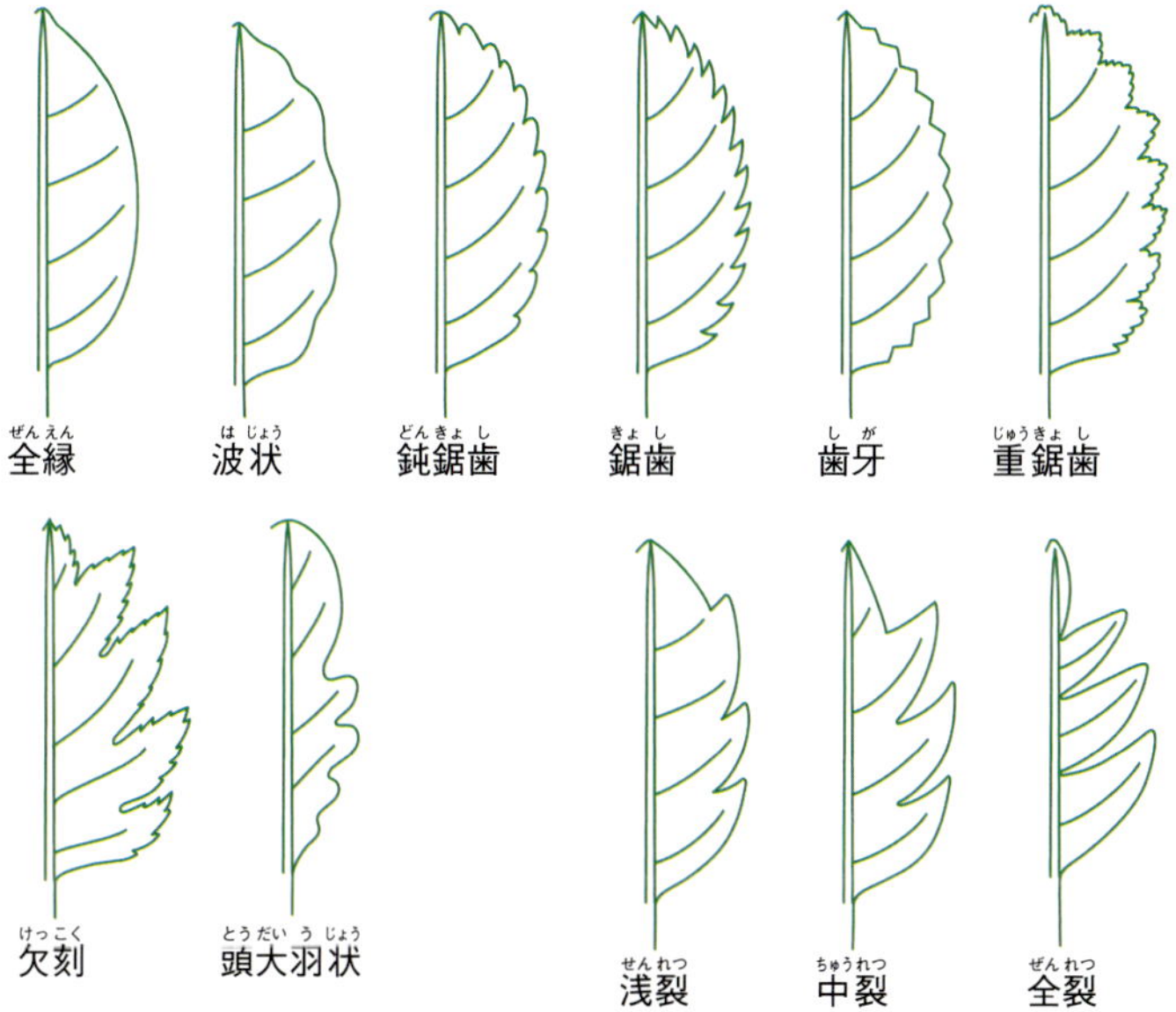

葉のつき方

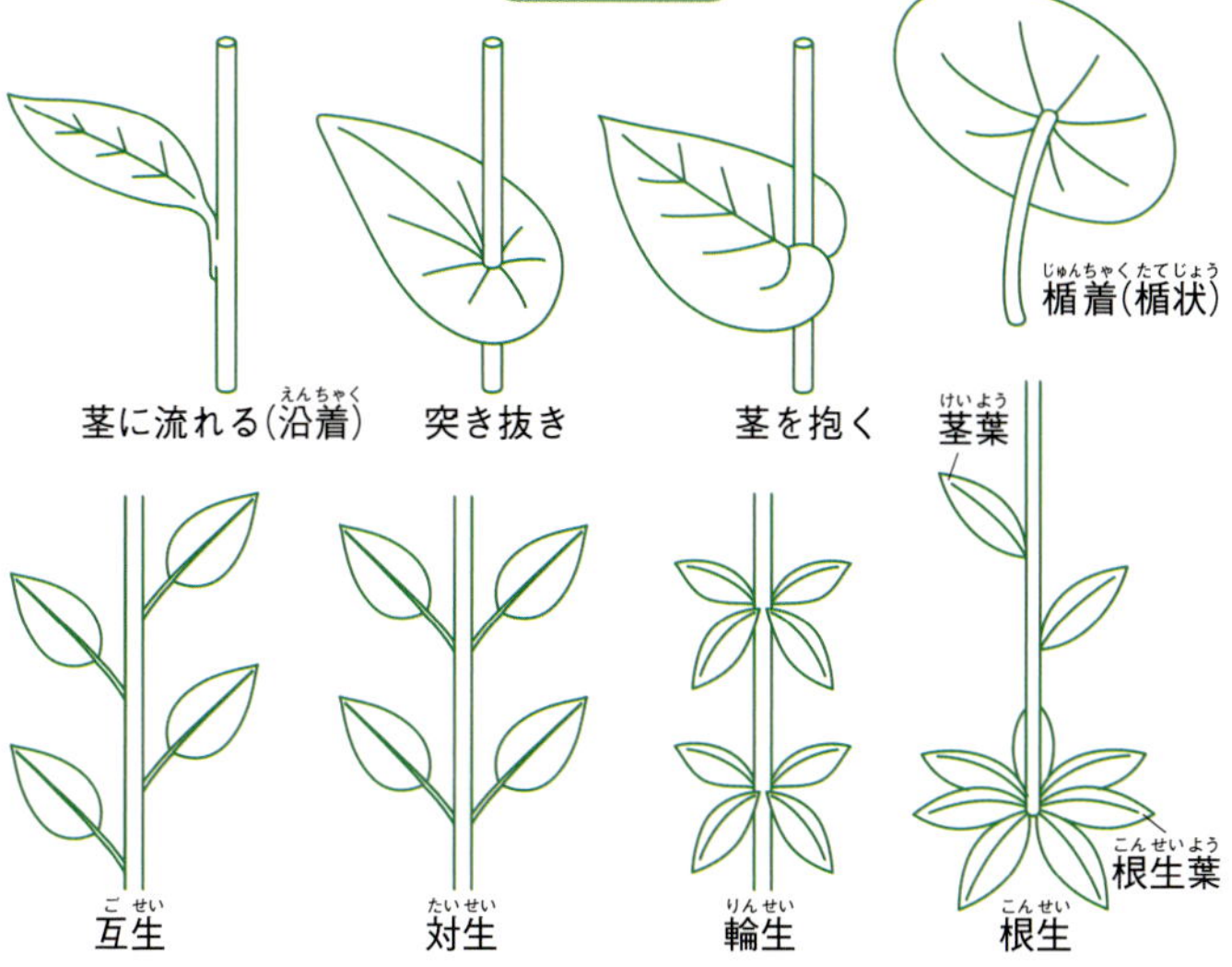

穎果《えいか》

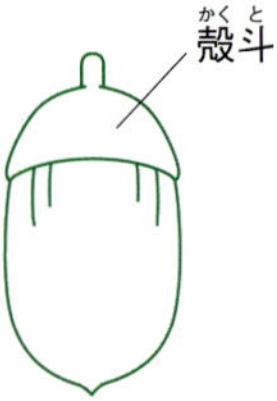

堅果《けんか》

イチジク状果《じょうか》（集合果《しゅうごうか》）

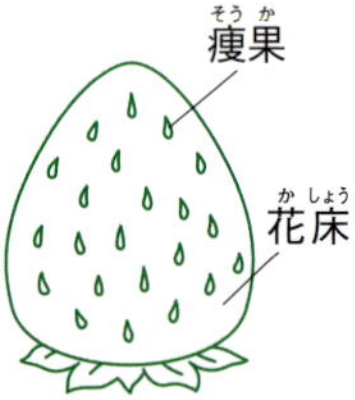

イチゴ状果《じょうか》

キイチゴ状果《じょうか》

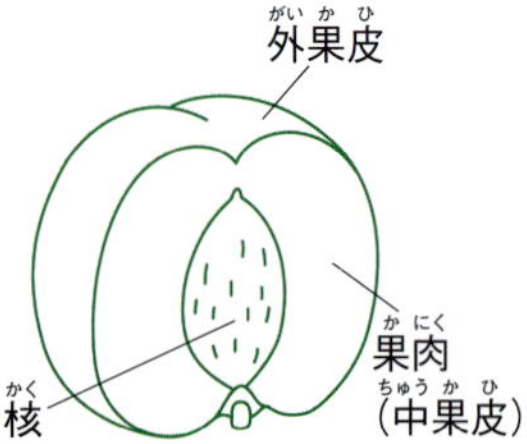

核果《かくか》

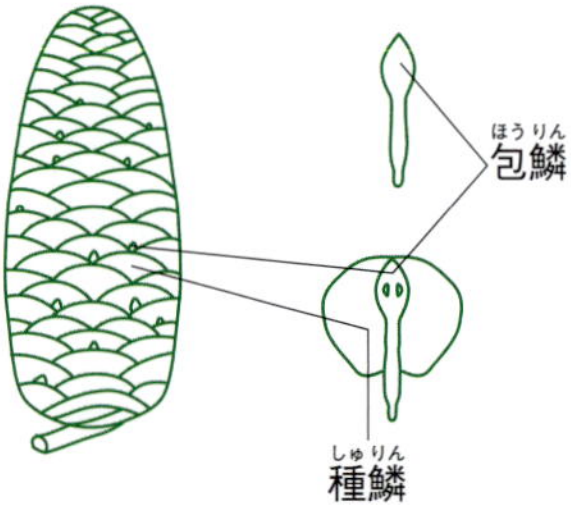

球果《きゅうか》

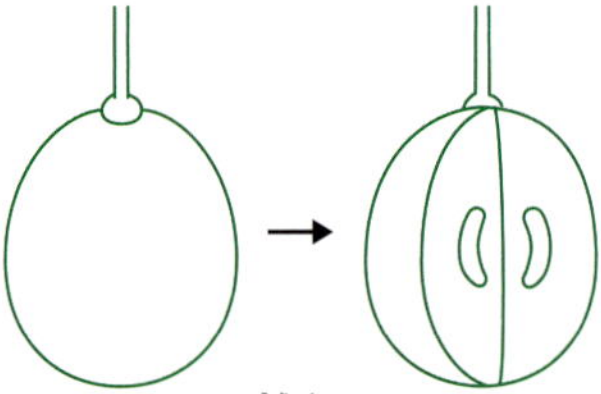

液果《えきか》

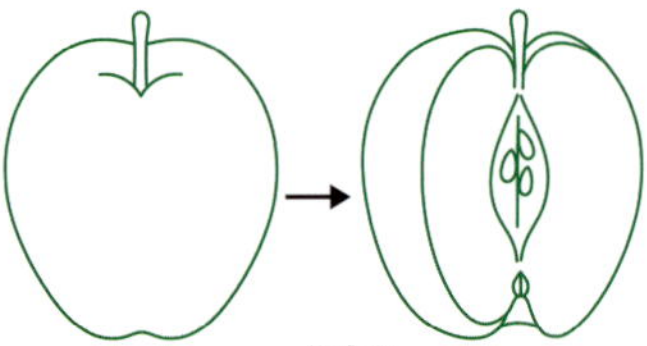

ナシ状果《じょうか》

果実

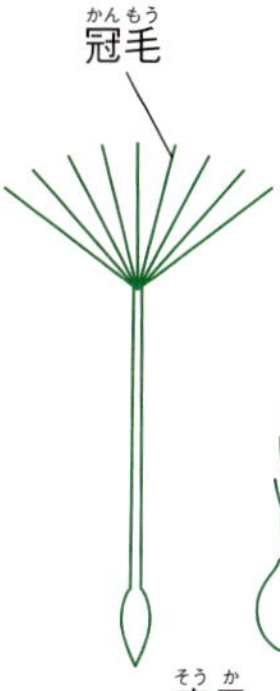

痩果《そうか》

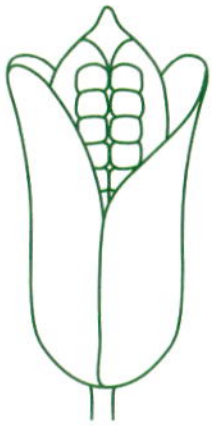
蒴果《さくか》

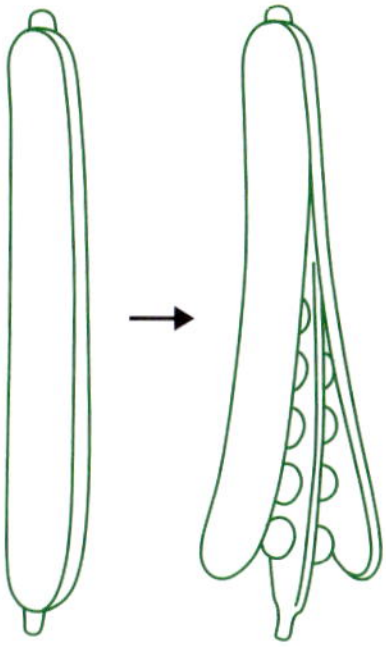
長角果《ちょうかくか》

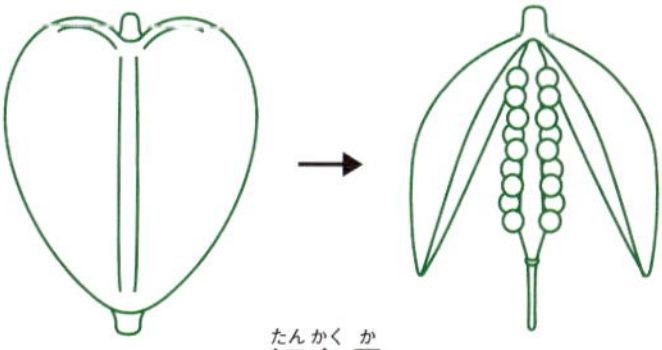
短角果《たんかくか》

節果《せっか》

袋果《たいか》

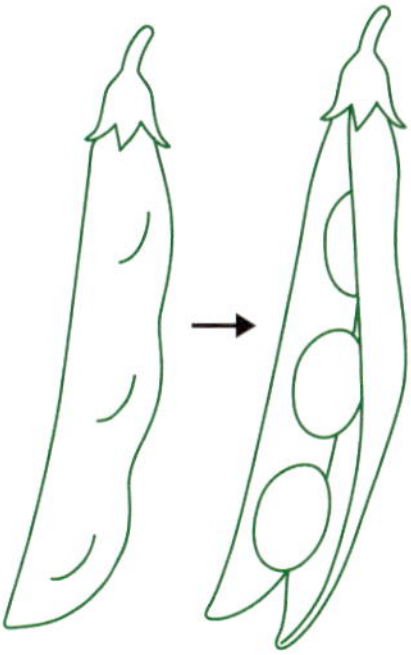
豆果《とうか》

蓋果《がいか》

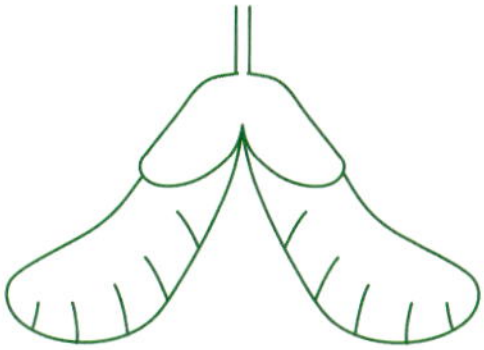
翼果《よくか》

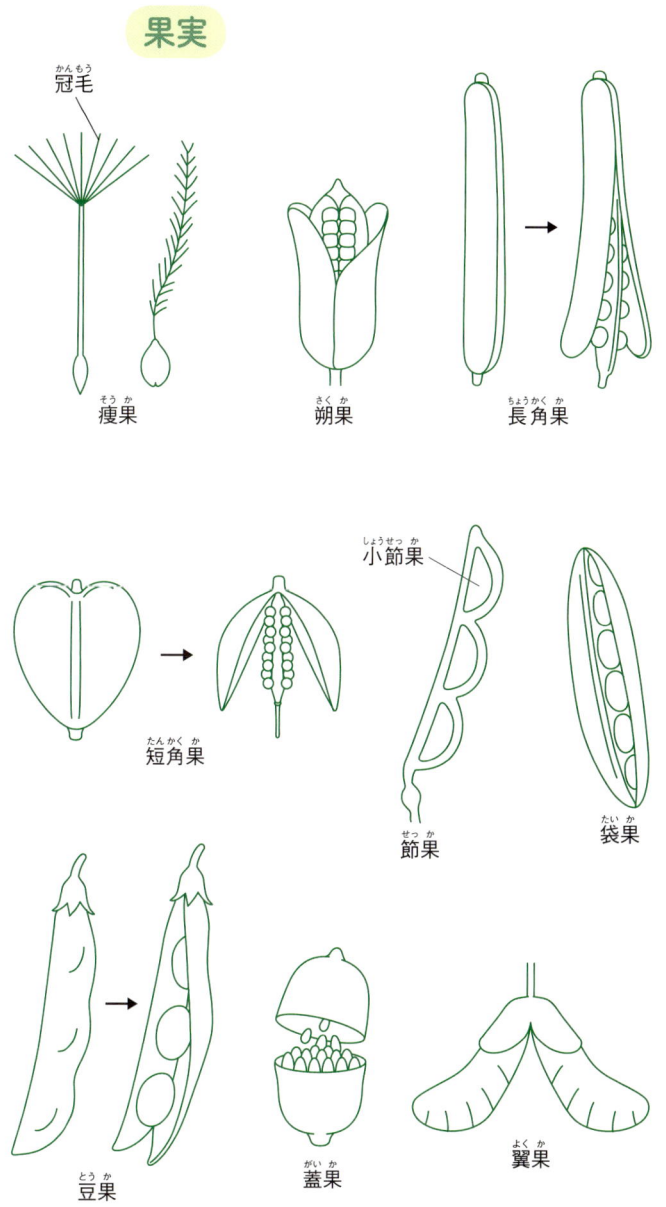

この本の見方&植物の探し方

この本では、春〜初夏に花期（シダ植物は山菜摘みの時期）を迎える万葉植物53種と、それらと関わりの深い身近な植物161種を掲載しています。

植物の専門用語は、P14〜P21「おもな植物用語の図説」、P178〜P185「おもな植物用語の解説」をご参照ください。

① 植物に出会えるフィールド
「丘陵・山野」
「耕作地・人里」
「湿地・水辺・湖沼」

丘陵・山野

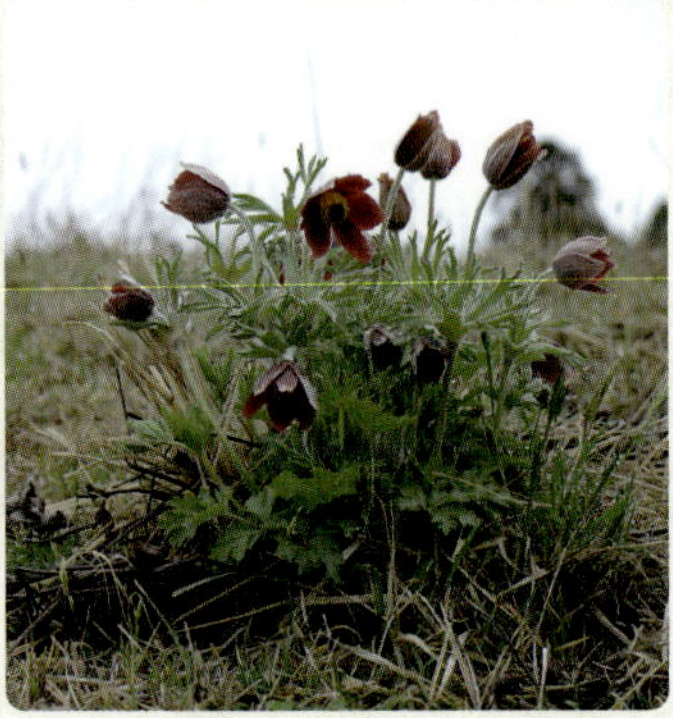

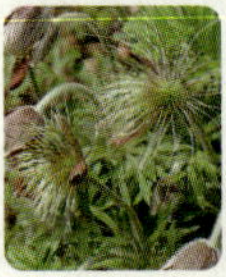

花茎は高さ約10cm。花は長さ約3cm。痩果（そうか）は羽毛状の花柱が目立つ。

キンポウゲ科 ―― ② 科名

うつむき加減に咲く可憐な紅褐色の花

オキナグサ（翁草） ―― ③ 現代名

4〜5月 ―― 花期

本州、四国、九州 ―― 分布

万葉名
根《ね》都《っ》古《こ》具《ぐ》佐《さ》 ―― ③ 万葉名

芝付《しばつき》の　御宇良崎《みうらさき》なる　ねつこ草《ぐさ》
相見《あひみ》ずあらば　我恋《あれこ》ひめやも
作者不詳（巻十四―三五〇八）

歌意　芝付の御宇良崎に生えている、オキナグサのようなあの娘に逢わずにいたら、私はこうも恋い慕ったりしようか。

本州から九州まで日当たりのよい原野に生える多年草。葉も花茎も白い毛で覆われ、全体が白っぽい。春から初夏にかけて、葉の中心から茎を伸ばし、先端に黒味を帯びた紅茶色の花をつける。花弁はなく、萼片《がく》が花弁状に6個つき、外側は長い白い毛がつく。

鐘の形で下向きにうつむき加減に咲く花は、しおらしく可憐な表情。歌は、その花の雰囲気を一目ぼれした女性にたとえて詠まれたといえよう。

夏に熟する実は、長くて白い毛が密生している。白髪の老人を思わせるところから、翁草と名づけられた。

30

丘陵・山野

キンポウゲ科

春のうちに1年の生活を終え、夏眠する

アズマイチゲ（東一花）

3～5月　北海道、本州、四国、九州

春のはじめに落葉樹の下で径3～4㎝の白い花を咲かせる多年草。高さ15～20㎝。花や茎など全体的にキクザキイチゲに似ているが、アズマイチゲの茎葉《けいよう》につく小葉は丸く、羽状に分裂しないのが特徴。樹々が芽吹いて葉を出す頃には、花だけでなく葉も枯れてしまうが、実は何年も生きる。

茎の葉は切れ込みが少なく、だらりと垂れているのが特徴。花柄には糸状の毛があるがすぐに落ちる。

キンポウゲ科

春の訪れとともに開花し、1年の生活を終える

キクザキイチゲ（菊咲一花）

3～5月　北海道、本州

アズマイチゲと同様に、早春の森の中、落葉樹の下で出会うことができ、木々の葉が開くまえの1～2か月で1年の生活を終え、夏眠する。花は白や淡紫があり、日が差さないと開かない。花弁はなく、萼《がく》片が花弁のように色づき8～12片もある。やや湿った土のやわらかい肥沃地を好む。

花柄に毛がある。茎の葉は細かく切れ込み、水平に広がる。

31

【植物の探し方】

❶フィールドから探す……ページ上の色ヅメから検索

❷科名から探す……植物は科ごとにまとめて紹介

❸植物名から探す……P186～P189に、万葉名と現代名の索引を収録

＊植物の掲載順について

専門的な観点からすると不十分ではありますが、万葉歌にふれながら植物を紹介するという本書の主旨を第一に考慮して構成しました。

＊万葉歌の表記や読み、訳について

おもに『日本古典文学全集　萬葉集』（小学館刊）に準拠し、植物を紹介するという本書の主旨に従い、適宜、表現を改めました。

花の直径は約5㎝。下向きに咲く。世界で約25種が知られており、花は赤、黄、白などがある。

ユリ科

可憐で優美なローズピンクの花

カタクリ（片栗）

3～5月

北海道、本州、四国、九州

万葉名

堅香子《かたかご》

もののふの　八十娘子《やそをとめ》らが　汲《く》みまがふ
寺井《てらゐ》の上《うへ》の　堅香子《かたかご》の花《はな》

大伴家持《おほとものやかもち》（巻十九―四一四三）

歌意

大勢の乙女が汲みさざめく、寺の境内にある清水のほとりのカタクリの花よ。水汲む少女も美しいし、花も美しい。

比較的寒地を好む多年草。長い冬が終わり、雪がとけて地肌が現れると芽を出し、いち早くローズピンクの花を咲かせる。まれに白い花もあり、花茎は約15㎝。落葉樹の下などに多い。

地中にある鱗茎《りんけい》は白色で、すりつぶすと、良質なデンプンがとれる。これが、いわゆるくず粉で知られる「片栗粉」である。

万葉集に詠まれているのは、この一首のみ。美しい花だが大和地方では生育が限られ、あまり目にふれなかったのが理由だろう。

歌は、家持が越中国守として高岡に赴任していたとき、国庁近くの寺で詠んだものである。

葉は広い線形で下部に3～5枚が輪生。上部では線状葉となり互生する。写真下は、貝のような形をした鱗茎。

ユリ科

バイモ（貝母）

3～5月

園芸植物

アミガサユリ（編笠百合）の異名をもつ釣鐘状の花

万葉名

波波《はは》

時々《ときどき》の　花《はな》は咲《さ》けども　何《なに》すれぞ
波波《はは》とふ花《はな》の　咲《さ》き出来《でこ》ずけむ
丈部真麻呂《はせべのままろ》（巻二十―四三二三）

歌意　四季折々の花は咲くのに、どうしてだろう、波波（母）という花は咲きださないのだろうか。

万葉集の中で、バイモの花の歌は一首のみ。歌は、筑紫（北九州）の防人《さきもり》として赴任した作者が、同僚たちには国から便りがあるのに、なぜ自分の母親からは便りがないのか、思慕の思いをバイモ（波波《はは》）に例えて詠んだもの。『本朝図鑑』には「根の形蛤《はまぐり》の如く、二片相合《ふたひらあいあっ》て圓《まる》く白色なり」とあり、鱗茎《りんけい》は貝のような形をしている。

早春、上部の葉腋《ようえき》の部分に1個ずつ、淡黄緑色の鐘状《しょうじょう》花を、やや下向きにつける。花被《かひ》片は6個、外面は緑色の平行脈が走り、内面は紫色の網状紋が見られる。花の形から別名アミガサユリとも呼ばれている。

ユリ科

披針《ひしん》形の葉と紫紅色の斑点のある花が特徴的

コバイモ（小貝母）

4～5月　本州、四国

ユリ科の多年草。山地の樹陰に生える。茎は高さ約15㎝で、茎の上部に5枚の披針《ひしん》形の葉をつける。春、花被《かひ》片は淡黄色で、暗紫色の網目模様のある鐘の形をした花を下向きにひとつつける。花弁は6個。別名テンガイユリともいう。バイモ同様、鱗茎《りんけい》は貝のような形をしている。

鐘形の花を吊り下げる。落ち葉の色に似ているので、見つけにくい。

ユリ科

甘みのある根（鱗茎）をもつ食用植物

アマナ（甘菜）

3～5月　本州、四国、九州

日当たりのよい草地に生える多年草。花茎の高さは10～20㎝で、先に花をつける。花は白色で暗紫色の筋がある花被片6個からなる。葉は白緑色の線形で、長さは15～20㎝。葉や根（鱗茎《りんけい》）に甘みがあるところから、この名がついた。鱗茎は生のまま食べられる。八重咲はヤエノアマナという。

以前はチューリップ属だったが、現在はアマナ属に属している。写真左はヤエノアマナ。

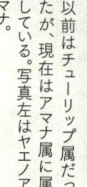

ユリ科

黄色い花をつける甘菜

キバナノアマナ（黄花の甘菜）

4～5月　北海道、本州、四国

山野に生える多年草。春先に日当たりのよい土手などにも見られる。地下に球根があり、1枚の葉を伸ばす。花茎は15～20㎝の高さで、茎の上部に2～3枚の苞葉《ほうよう》をつける。その間から花茎を伸ばして、先端に黄色い花を3～10個つける。花はアマナよりかなり小さい。

花被片は6個からなり、裏側は緑色を帯びる。葉は広線形で、ひとつの茎に1枚だけ出る。

ユリ科

キバナノアマナより小さめの花が特徴

ヒメアマナ（姫甘菜）

3～4月　北海道、本州、九州

やや湿った山野に自生する多年草。長細い根生葉を1本だけ伸ばす。花茎の先の苞葉《ほうよう》の間から、小さな黄色い花を2～3個咲かせる。花の直径は約1㎝。3個ずつの内花被《かひ》と外花被、6本の雄しべという典型的なユリ科の花の構造で、キバナノアマナの花と似ているが、こちらのほうが小さい。

キバナノアマナは約2・5㎝の直径。ヒメアマナはそれより小さめだ。

子ども（稚児）のように小さく可憐な白い花

イヌサフラン科

チゴユリ（稚児百合）

4～5月　北海道、本州、四国、九州

夏緑林《かりょくりん》の足元に生える多年草。茎は枝分かれすることなく、15～30cm。黄味を帯びた緑のやわらかな葉をつけ、先端に1～2個の白色の花をうつむき加減に咲かせる。その表情がかわいいので、稚児（子ども）百合と名がついた。花被《かひ》片は6個。葉は長さ4～7cmの長楕円形～楕円形で、互生してつく。

果実は球形の液果で、黒く熟す。

春の雑木林で見かける緑白色の花

イヌサフラン科

ホウチャクソウ（宝鐸草）

4～6月　北海道、本州、四国、九州

奈良・興福寺の五重塔などの多宝塔の軒下に吊り下げられる「宝鐸《ほうちゃく》」に似ていることから、この名がついた。春から初夏の林に生える多年草で、茎は上部で分枝し、高さ30～60cmになる。葉は光沢のある長楕円～広楕円形で互生してつく。枝先に淡緑白色の筒状の花を、1～3個垂れ咲かせる。

ナルコユリと違って、花被片が1個ずつ離れているのが特徴。花が終わると、直径約1cmの黒い実をつける。

キジカクシ科

並んで垂れ下がるさまを「鳴子」に見立てた

ナルコユリ（鳴子百合）

5～6月　本州、四国、九州

雑木林でよく見かける多年草。茎は高さ50～100㎝まで伸び、地際では直立するが、上部は弓なりに曲がる。葉のわきに緑白色の筒状の花が2～5個垂れ下がる。その様は、小さなベルを並べたようで、それが田んぼで雀を追い払うために使われた「鳴子」に似ているところからこの名がついた。

花冠の先は緑色。花被片が合着していて、先のほうだけ6片に裂けている。

植物こぼれ話

“春の妖精”と呼ばれる植物たち

「スプリング・エフェメラル」（spring ephemeral ＝春のはかないもの）と呼ばれている植物たちがいる。これらの植物は、別名“春の妖精”ともいわれ、ユリ科やキンポウゲ科に多い。

雪解けとともに落葉樹の下で日ざしを浴びながら芽を出し、葉を展開させ、来年に備えて養分を蓄える。そして、花を咲かせて子孫を残し、周囲の木々の緑が色濃くなり始める初夏には、まるでうたかたのように消えてしまう。

セツブンソウやカタクリなどがその代表例。多くは群落をつくり、鮮やかな白や黄色、淡紫色の花を一面に咲かせる。その様は、まるでその短い生涯を悔いなくまっとうさせるために、命を燃やしているようにも見える。美しく、ドラマチックな草花といえる。

P31アズマイチゲもこの仲間

花茎は高さ約10㎝。花は長さ約3㎝。痩果（そうか）は羽毛状の花柱が目立つ。

キンポウゲ科

うつむき加減に咲く可憐な紅褐色の花

オキナグサ（翁草）

4～5月

本州、四国、九州

万葉名

根都古具佐《ねつこぐさ》

芝付《しばつき》の　御宇良崎《みうらさき》なる　ねつこ草《ぐさ》
相見《あひみ》ずあらば　我恋《あれこ》ひめやも

作者不詳（巻十四―三五〇八）

歌意

芝付の御宇良崎に生えている、オキナグサのようなあの娘に逢わずにいたら、私はこうも恋い慕ったりしようか。

本州から九州まで日当たりのよい原野に生える多年草。葉も花茎も白い毛で覆われ、全体が白っぽい。春から初夏にかけて、葉の中心から茎を伸ばし、先端に黒味を帯びた紅茶色の花をつける。花弁はなく、萼《がく》片が花弁状に6個つき、外側は長い白い毛がつく。

鐘の形で下向きにうつむき加減に咲く花は、しおらしく可憐な表情。歌は、その花の雰囲気を一目ぼれした女性にたとえて詠まれたといえよう。

夏に熟する実は、長くて白い毛が密生している。白髪の老人を思わせるところから、翁草と名づけられた。

キンポウゲ科

春のうちに1年の生活を終え、夏眠する

アズマイチゲ（東一花）

3～5月　北海道、本州、四国、九州

春のはじめに落葉樹の下で径3～4㎝の白い花を咲かせる多年草。高さ15～20㎝。花や茎など全体的にキクザキイチゲに似ているが、アズマイチゲの茎葉《けいよう》につく小葉は丸く、羽状に分裂しないのが特徴。樹々が芽吹いて葉を出す頃には、花だけでなく葉も枯れてしまうが、実は何年も生きる。

茎の葉は切れ込みが少なく、だらりと垂れているのが特徴。花柄には糸状の毛があるがすぐに落ちる。

キンポウゲ科

春の訪れとともに開花し、1年の生活を終える

キクザキイチゲ（菊咲一花）

3～5月　北海道、本州

アズマイチゲと同様に、早春の森の中、落葉樹の下で出会うことができ、木々の葉が開くまえの1～2か月で1年の生活を終え、夏眠する。花は白や淡紫があり、日が差さないと開かない。花弁はなく、萼《がく》片が花弁のように色づき8～12片もある。やや湿った土のやわらかい肥沃地を好む。

花柄に毛がある。茎の葉は細かく切れ込み、水平に広がる。

キンポウゲ科

湿った林の床一面を白い花で覆う

ニリンソウ（二輪草）

4～5月　北海道、本州、四国、九州

やや湿った林などに生える多年草。群生すると、一面が真っ白な花で埋めつくされる。「二輪」の名がつくが、かならずしも2輪ではなく、2～4輪の花をつける。花弁はなく、5～7個の白色の萼《がく》片からなる。イチリンソウとよく似ているが、茎葉は葉柄《ようへい》がない。若い葉は食用にする。

花は約2㎝ほどの大きさ。葉はトリカブトに似ているので、注意が必要だ。

キンポウゲ科

ぽつんぽつんと咲く白い花が特徴

イチリンソウ（一輪草）

4～5月　本州、四国、九州

肥沃で腐葉土の多いところに生える多年草。「一輪草」の名のとおり、茎に1個の花をつける。花はアズマイチゲやキクザキイチゲより遅く咲く。花茎は高さ20～40㎝になり、頂に約4㎝の花をつける。花弁はなく、5～6個の白色の萼《がく》片からなる。

ニリンソウよりやや花が大きく、アズマイチゲやキクザキイチゲに比べ、萼片（がくへん）が5枚と少ない。

キンポウゲ科

和名は小さなトリカブトに似ていることから

ヒメウズ（姫烏頭）

3～5月　本州、四国、九州

山麓の草地や人里近くの藪《やぶ》や石垣の隙間、また、道端などに生える多年草。茎は繊細で軟毛があり、高さ15～30㎝になる。茎の頂に花柄《かへい》を出し、直径5～7㎜の白色、もしくは、ときにやや紅色を帯びた花をつける。果実は袋果《たいか》。花弁のように見えるのは萼片《がくへん》で、その内側の淡黄色のものが花弁。

小さく可憐な白い花。

キンポウゲ科

カエルの傘に花を見立てた黄色い花

ヒキノカサ（蛙の傘）

4～5月　本州、四国、九州

水辺や湿地に生える多年草。地中に紡錘状にふくらんだ塊根をもつのが特徴。茎は所々に毛が生え、10～30㎝の高さ。枝先に径1・3㎝前後の光沢のある黄色い5弁の花をつける。根生葉は長い柄をもち3裂。茎葉《けいよう》はほぼ無柄《むへい》で細く裂ける。花をヒキガエルの傘に見立てて、この名がついた。

埋め立てなどにより減少し、現在はなかなか見ることができない絶滅危惧種。

キンポウゲ科

「キンポウゲ」の代名詞

ウマノアシガタ（馬の脚形）

4～5月　北海道、本州、四国、九州、沖縄

日当たりのよい路傍や山野に生える多年草。茎は長毛が多く40～60cmほどの高さ。上部で枝分かれして、先に光沢のある黄色い5弁の花をつける。根生《こんせい》葉は長い柄をもち、手のひらの形に3～5裂する。茎葉は無柄で線形に3裂する。有毒植物で、誤って食べると下痢や腹痛を起こすので要注意。

葉が馬のひづめに似ているところから、この名がついたが、実際にはあまり似ていない。花の径は1・5～2cm。

セリ科

セリ科のなかでもっとも早く花が開くもののひとつ

セントウソウ（仙洞草）

4～5月　北海道、本州、四国、九州

山野の林の中に生える多年草。花茎は高さ10～25cmになり、頂に複散形花序を出す。花の色は白色で、セリ科のなかではもっとも早く花を咲かせるもののひとつ。花弁は5つで、内側に曲がる。紫色を帯びた柄があり、根生する。羽状複葉で小葉は卵形。果実は楕円の2分果になる。

オウレンに似ていることから、別名「オウレンダマシ」ともいう。

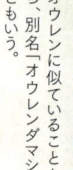

ケシ科

黄色い花と茎と葉から出る黄色い汁が特徴

クサノオウ（草の王・草黄）

✻4～7月　北海道、本州、四国、九州

日当たりのよい草地や道端などに生える越年草。全体に白く縮れた毛が生え、白っぽく見える。茎は高さ30～80㎝。茎や葉に傷をつけると黄色い汁が出ることから「草黄」、または、鎮痛、鎮咳、利尿、胃潰瘍、肝臓病などに効く薬になることから「草の王」ともいう。汁は有毒でかぶれる。

花は径約2㎝の4弁花。写真左は茎から出る汁。

ケシ科

赤紫色の細長い唇形《しんけい》の花が目印

ジロボウエンゴサク（次郎坊延胡索）

✻4～5月　本州、四国、九州

川岸や山野などに生える多年草。茎は高さ10～20㎝になり、茎の先に総状花序を出し、紅紫色の唇形《しんけい》花をつける。春先の樹冠が緑の葉で覆われる前に芽を出し、花を咲かせ、初夏には一年の生活を終える。別名「次郎坊」と呼ばれている。「太郎坊」はスミレを指す。「延胡索《えんごさく》」は中国名。

「次郎坊」の名は、この花の距をひっかけ引っぱりあう昔の子どもの遊びに由来するともいわれている。花の下につく苞（ほう）は切れ込まない。

ケシ科

「水色の妖精」の異名をもつ

ヤマエンゴサク（山延胡索）

✻4～5月　本州、四国、九州

夏緑林の、土壌豊かな森の中に生える多年草。地下の塊茎から1本の茎を伸ばして、花を咲かせる。花の色は青紫から赤紫まで幅広い。一般に、標高の高いところや北の地方ほど青っぽい花が多い。葉の形は変化に富み、幅の広いものや狭いもの、切れ込みの深いものなど多種多彩。

花を長い帽子をかぶった妖精に見立てると、苞（ほう）が襟のように見える。苞が切れ込むのが、ジロボウエンゴサクと区別するときのポイント。

ケシ科

春の林縁《りんえん》で目を引く紅紫色の花

ムラサキケマン（紫華鬘）

✻4～6月　北海道、本州、四国、九州、沖縄

山麓や道端で見かける越年草。一見、エンゴサクの仲間にも見えるが、紅紫色の花はより赤みが強く、花の数が多い。茎は稜《りょう》があり、高さ20～50cmになる。上部に総状花序を出し、長さ1・2～1・8cmの唇形《しんけい》花を多数つける。果実は2cmほどの長さで、さわると突然裂けて黒い種子を弾き飛ばす。

ムラサキケマンの花。花の下につく苞（ほう）は切れ込みがある。「華鬘（けまん）」とは仏堂の飾りに使う仏具。

ケシ科

緑黄色の花が20～30個、密生する

ミヤマキケマン（深山黄華鬘）

✽4～5月 本州

山野や河原などに生える越年草。茎は高さ20～45㎝になる。枝先に総状花序を出し、長さ約2㎝の緑がかった黄色の花を多数つける。葉は1～2回羽状複葉で、広卵形の小葉は深く裂け、さらに欠刻がある。果実は長さ2～3㎝で、数珠状にくびれた朔果《さくか》。種子は1列に入る。

深山に生えるキケマンと名前がつけられているが、生えるのは人里近くの山間が多い。

イラクサ科

林縁などに生える暗紫色の花

カテンソウ（花点草）

✽4～5月 本州、四国、九州

日当たりのよい山野の林縁などに生える雌雄同株の多年草。茎はやわらかく暗い紫色をしている。高さは10～20㎝になる。イラクサ科は夏から秋にかけて花が咲く場合が多いが、この花は早春に咲く。雄花序《ゆうかじょ》には長い花柄《かへい》があり、雄花は花被《かひ》片が5個からなる。雌花は葉のわきにつき、花被片は4個。

雄しべが反り返り、花粉を飛ばす。写真は花粉を放出したあとの雄花。葉は菱形の卵形～三角形をしている。

スミレ属の種子には、アリの好む物質・エライオソームがあり、これ目当てにアリが運び、遠くへ散布される。万葉集ではスミレ摘みの情景を詠まれていることが多い。

スミレ科

60種類もが生息する、日本の春を代表する野花

スミレ（菫）

✻3～5月

北海道、本州、四国、九州

万葉名

須美礼《すみれ》

春の野に　すみれ摘《つ》みにと　来《こ》し我《われ》そ
野《の》をなつかしみ　一夜《ひとよ》寝《ね》にける

山部赤人《やまべのあかひと》（巻八―一四二四）

歌意

春の野にスミレを摘みに来た私は、野があまりにも懐かしいので、とうとう一夜を寝てしまった。

スミレは早春の野辺にひときわ目立つ濃紫色の可憐な花を咲かせる多年草。日本には60種類もあり、まさにスミレ天国である。大工道具の墨入れ（墨つぼ）の形に似ているところから、スミレと名づけられた。葉が根本から生じ、葉柄《ようへい》に翼《よく》があり、へラ型をしている。草丈は7～15㎝。果実は熟すと3裂開する。

スミレを詠んだ歌は全4首。現代の「すみれ」は早春に咲く可憐な花のイメージだが、万葉の時代は山菜の一種として食用に摘まれていた。紹介した歌の下の句は、「恋人（野）の美しさに思わず添い寝をしてしまった」と解することもできる。

葉は心形〜腎形で、長い柄がある。万葉集では、自然のなかに咲く光景を詠んだ歌が多い。

スミレ科

ツボスミレ（坪菫）

スミレ、タチツボスミレとともに日本を代表するスミレ

4〜6月

北海道、本州、四国、九州

万葉名

須美礼《すみれ》

山吹《やまぶき》の 咲《さ》きたる野辺《のへ》の つぼすみれ
この春《はる》の雨《あめ》に 盛《さか》りなりけり

高田女王《たかたのおほきみ》（巻八―一四四四）

歌意

山吹が咲いている野辺のツボスミレが、この春雨の中で、たくさん咲いています。

ツボスミレは草丈が人の足首からスネほどで、湿った環境に多い多年草。庭（坪）に生えていることから、この名がついた。別名ニョイスミレともいう。

有茎性で、葉のわきに花柄《かへい》を伸ばし、体のわりに小さな径約1㎝の白い花をつける。横に広がった形をしており、唇弁《しんべん》には鮮やかな赤紫色の条が入る。側弁の基部には毛が生えている。距は丸くて短い。

紹介した歌に詠まれた「つぼすみれ」は「壺」に似た形のスミレ、もしくは「坪」（庭）に咲くスミレとする説が有力だが、あえてツボスミレとして紹介した。

変化の多い花色をもち、人里近くに咲くスミレ

スミレ科

コスミレ（小菫）

3～4月　本州、四国、九州

人里近くの林縁《りんえん》などに生える多年草。草丈は5～12cmになり、早春に花を開く。花の色には変化が多く、淡紫色が多いが、紫紅色から白色までさまざまな色の花がある。側弁基部は無毛ときに有毛。唇弁には紫色の条がある。葉は長三角形～長卵形で、鋸歯《きょし》がある。

小菫とは小さなスミレの意味だが、小さいとはいえない。

あかね色の花が印象的なスミレ

スミレ科

アカネスミレ（茜菫）

3～4月　北海道、本州、四国、九州

早春の雑木林のふちに多く生える多年草。全体に毛が多く、草丈は5～10cm。先端に紅紫色の花をつける。距や子房、果実、花柄《かへい》、萼《がく》片などに毛がある。花の中央部は閉じ気味で、柱頭が見えない距は細長い。葉は卵形やへら形などさまざまで、微毛が生えている。小形だがよく目立つ。

あかね色をした花の色から茜菫の名がついた。

スミレ科

ヒカゲスミレ(日陰菫)

唇弁《しんべん》・側弁に紫色の筋がある白いスミレ

✽4〜5月 北海道、本州、四国、九州

山麓や低山地の林内のやや湿ったところに生える多年草。開花時の高さは約10㎝。葉の両面や葉柄《ようへい》、花柄《かへい》ともに粗い毛がある。径2〜2・5㎝、白色で、紫の条がある花をつける。葉は三角状の卵心形で、ふちの低いやや粗い鋸歯《きょし》がある。葉質は薄くてやわらかい。側弁の内側に毛がある。

湿気のある半日陰を好むところから、この名がついた。

意外な場所にもスミレが咲く理由

植物こぼれ話

木のスミレ

スミレは大きく分けると日本に60種あり、さらに細かく品種まで分けると200強もの種類が生育している。分布も広く、日本列島のほぼ全域。毎年12月ぐらいから沖縄でリュウキュウコスミレが咲きだし、日本アルプスでクマモスミレが咲く7月まで見ることができる。

生育場所も山野や林縁、人里とさまざまで、石垣など、なぜこんなところにと意外に思う場所もある。その理由は、スミレの種子がアリによって運ばれるからだ。スミレの種子にはエライオソームという脂肪酸が含まれていて、これをアリが好み、種子を巣に運ぶ。そして、いらなくなった種子を巣の外に捨てる。その種子が芽を出すことになるのだ。

日本ではスミレ科というと草であるが、実際には木のスミレのほうが多い。約23属・800種ほどあるうち、約500種が木である。南米のアンデス地帯で発祥したといわれている。

ラン科

別名「ホクロ」。春を告げる蘭の花

シュンラン（春蘭）

3～4月　北海道、本州、四国、九州

乾いた落葉樹林に生える多年草。花茎は葉よりも低く、10～25㎝の高さ。茎は淡い緑の膜のような鱗片《りんぺん》に包まれ、その上にひとつの花をつける。花は径3～4㎝で、萼《がく》片と側花弁は緑色から黄緑色、唇弁《しんべん》は白色で赤紫色の斑点がある。常緑の葉は細く、ふちに細かな鋸歯《きょし》があり、ひどくざらつく。

観賞用に栽培するほか、食用として花を塩漬けにすることもある。

レンプクソウ科

日本では一科一属一種の植物

レンプクソウ（連福草）

3～5月　北海道、本州

山地の林に生える多年草。茎の高さは8～15㎝。茎の頂に径5㎜ほどの黄緑色の花が5個集まって咲く。そのため別名「五輪花」ともいわれている。根際から葉が出て、2回3出複葉で長い柄をもつ。小葉は羽状中裂で、葉は3裂し対生。果実は核果だが、地下茎《ちかけい》を伸ばして増える。

地下茎がフクジュソウにつながっているのを見つけた人が、この名前をつけたといわれている。

サクラソウ科

自生する場所が激減している、サクラの花に似た花

サクラソウ（桜草）

4～5月　北海道、本州、九州

サクラの花に似ているところからこの名がついた。古くから愛されている花で、江戸時代には多くの園芸種が生み出された。残念ながら現在は、自生が見られるところは極端に少ない。山麓や河原、湿地などに生える多年草で、全体に白い縮毛が生えている。径2～3㎝の紅紫色の花をつける。

花茎は高さ15～40㎝。花冠は深く5裂し、裂片はさらに浅く2裂。葉はしわの多い楕円形。

サトイモ科

マムシ柄の偽茎《ぎけい》が目印の有毒植物

カントウマムシグサ（関東蝮草）

4～6月　北海道、本州、四国、九州

林に生える多年草。紫褐色の斑点がある偽茎《ぎけい》が、マムシに似ているところから「マムシグサ」の名がついた。花柄《かへい》の先端に、淡緑色から淡紫色で白い筋の入った仏炎苞《ぶつえんほう》（肉穂《にくすい》花序を含む大型の苞）を開く。付属帯は棒状で先がややふくらむ。花の高さは約1ｍ。葉は2個つき、7～17の小葉からなる。

果実は熟すと赤く毒々しい。

サトイモ科

耳のような形をした濃い紫色の仏炎苞《ぶつえんほう》の多年草

ミミガタテンナンショウ（耳形天南星）

4〜5月　本州、四国

林に生える多年草。花柄を伸ばし、先に白い筋の入った濃紫色から暗紫色の仏炎苞《ぶつえんほう》を出す。口の部分が大きく反り返って、耳のような形になることから、この名がついた。花が咲いてから葉が開く。付属体は棒状。花の高さは70㎝。葉は鳥《とり》足《あし》状に分裂し、7〜11個の小葉からなる。有毒植物。

果実は液果で有毒だ。

サトイモ科

細長い葉と緑色に白のストライプの仏炎苞《ぶつえんほう》

ホソバテンナンショウ（細葉天南星）

4〜6月　本州

山地の林の中に生える日本固有種の多年草。草丈は40〜80㎝。葉は2枚が互いに生え、小葉は9〜17個。裂片の形が披針形で細長いため、この名がついた。緑色に白いストライプが入った仏炎苞《ぶつえんほう》を出す。付属体は棒状だが、先が細くなっているのが特徴。果実は液果。

茎はやはりマムシ柄。

マムシグサの恐ろしい繁殖方法

　じめじめしたところに生えているマムシグサの仲間は、偽茎《ぎけい》にマムシのような紫褐色の斑点をもち、花序の形も気味が悪いので、山中で出会うと一瞬驚くことが多いだろう。

　奇妙な形をした花は仏炎苞《ぶつえんほう》といい、もともと花序を保護していた葉が変形したもの。ほんとうの花はこの中にある。仏炎苞の先からのぞく、こん棒状のものは付属体といい、花軸の先が伸びたもので、ここから臭いが出る。この付属体の下に花が穂状に固まってついているのだ。


　マムシグサは、雄株と雌株が別で、肥沃な土地で栄養をたっぷりとって地下茎が大きく育つと雌株になり、やせた土地で栄養失調気味に育つと雄株となる。つまり栄養により性転換をするわけだ。

　雄株か雌株かを見分けるには、花が咲いているときに仏炎苞の中をのぞくといい。青いぶつぶつのようなものが見えたら、それは雌株で、白いものが見えたら雄株である。また、仏炎苞の下部のふくらみの部分を見ると、隙間のあるものとないものがある。隙間があれば雄株、なければ雌株である。


　見た目だけでなく、マムシグサは恐ろしい。

　マムシグサの花の出す臭いにキノコバエが誘われて訪ねてくる。キノコバエはキノコに産卵して子孫を殖やすのだが、マムシグサの出す臭いがキノコに似ているため、キノコと間違えてやってくるといわれている。

　しかし、キノコバエは仏炎苞の中に入っても、産卵せず外に出ようとする。幸いにも入った仏炎苞が雄株なら、隙間があり、出口を探すうちに多くの花粉をつけるものの、その隙間から外へ出ることができる。

　ところが、侵入したのが雌株の場合は、隙間がなく外へ出られない。キノコバエは体につけてきた花粉を、雌しべにつけながら出口を探すことになるのだが、仏炎苞の内壁はつるつるしていてよじ登れない。外に出ている付属体を伝おうとしても、その根元には返りがあり、上には行けないのだ。結局、キノコバエは花の中で一生を終えることになる。マムシグサはキノコバエによって受粉をし、繁殖するのだが——。

　ただし、マムシグサは死んだキノコバエを栄養にはしていないので、食虫植物ではない。

右写真の大きな花が雌花。上が雄花、下が実。

アケビ科

紫色の実の中に白い果肉がつまっている落葉低木

アケビ（木通）

4～5月

本州、四国、九州

万葉名

狭野方《さのかた》

狭野方《さのかた》は　実《み》にならずとも　花《はな》のみに
咲《さ》きて見《み》えこそ　恋《こひ》のなぐさに

作者不詳（巻十―一九二八）

歌意

アケビは実にならなくても、花だけでも咲いて見せておくれ。恋のなぐさめに。

「狭野方」については、地名とする説と、植物名とする説があるが、この歌は明らかに植物を歌っている。「方」は蔓性《つるせい》植物の蔓を指しているといわれ、アケビとする説が有力となっている。

アケビは落葉低木。他の樹木に巻きついてよじ登る。葉は長楕円形の小葉が5枚、手のひら状につく複葉《ふくよう》だ。春、葉の付け根から柄を出して、淡紫色の雄花と雌花が房になり、垂れ下がって咲く。秋に長楕円形で淡紫色の実がなり、熟すと裂ける。アケビの名は、「開実《あけみ》」が転じた。果肉は白色で甘く、食べられる。蔓《つる》は籠を編む材料にされている。

アケビ科

3枚の小葉をもつ落葉低木のアケビ

ミツバアケビ（三葉木通）

4～5月　北海道、本州、四国、九州

山野に生える、落葉の蔓《つる》性植物。蔓は他の木に絡まって這い上がり、径は太いところで2㎝ほどになる。葉は3小葉となり、ふちには波状の歯牙《しが》がある。雌雄異花《しゅういか》。葉のわきから花茎を伸ばし、暗赤褐色の小花を穂状に密につける。果実は約10㎝の長楕円形。白い果肉で、甘く食用になる。

アケビの実は熟すと果皮が裂け、中から白い果肉が現れる。果皮は苦いが油炒めなどにして食べることができる。

アケビ科

「トキワアケビ」の異名をもつ常緑のアケビ

ムベ（宜子・郁子）

5～6月　本州、四国、九州、沖縄

海に近い常緑樹の林の中で他の木に絡まって生える。葉は互生して長い柄をもち、3～7枚の長楕円形の小葉からなる掌状複葉《しょうじょうふくよう》。葉は厚く、深緑色。光沢はあまりない。花は白または淡紅紫色で、下向きに3～7個つける。果実は長楕円形で、長さ5～8㎝。果肉は白または透明で甘い。

果実はアケビのように裂開しないのが特徴。タネは黒色で光沢があり、実生で容易に増えるため、庭木や盆栽にもされている。

センリョウ科

美しい「静御前」の姿を花にたとえた

ヒトリシズカ（一人静）

✻4〜5月　▦北海道、本州、四国、九州

早春の林で群れ咲く、多年草。白い花が4枚の葉の間から咲く様子を、源義経の側室・静御前の舞姿になぞらえて、この名があるといわれている。フタリシズカと同様、花弁も萼《がく》片もなく、白い花糸《かし》が目立つ。葉は鋸歯《きょし》のある楕円形。3本の雄しべは基部でくっつき、雌しべの子房の横についている。

4枚の葉が開くと同時に花を咲かせる。吉野で舞う静御前の美しい姿から「吉野静」ともいわれている。

センリョウ科

2個の花穂《かすい》から、ヒトリシズカに対してこの名がついた

フタリシズカ（二人静）

✻4〜6月　▦北海道、本州、四国、九州

落葉樹林の肥沃な林のなかで見かける多年草。春も過ぎ緑が濃くなった頃に出会う。茎は高さ20〜60㎝。先に穂状《すいじょう》花序を2〜3本出し、柄のない白い花を並べる。花弁、萼《がく》片がなく、花糸《かし》は糸状でなく内側に曲がって、雄しべを包む。葉は細かな鋸歯《きょし》がある楕円形。

ヒトリシズカに対して花穂（かすい）が2個のものが多いので、この名がついたといわれている。実際には3〜4本花序があるものもある。

キク科

別名「ムラサキタンポポ」の名をもつ多年草

センボンヤリ（千本槍）

4～6月、9～11月　北海道、本州、四国、九州

日当たりのよい雑木林や茅原《かやはら》に生える多年草。春と秋に2回花を咲かせ、春は花茎の高さ5～15㎝で、先に径約1・5㎝の白い頭花《とうか》が咲く。また、秋には高さ50㎝前後の花茎を伸ばし、先端に閉鎖花をつける。この閉鎖花を大名行列の千本槍に見立てて、この名がついた。葉は倒卵状楕円形。

秋に林立する閉鎖花（右）。果実は痩果（そうか）で淡褐色の冠毛がある（左）。

キク科

春を告げる代表的な山菜のひとつ

フキ（蕗）

4～5月　北海道、本州、四国、九州

山野の崩壊地や沢沿いの林、田の畔《あぜ》などに生える多年草。雪解けと同時に顔を出す花は人の足首ほどの高さだが、葉はひざの高さまで伸びる。雌雄異株《しゆういしゅ》で、雄花は黄白色、雌花は白色。どちらも食用になる。葉は花後に出て、長さ約60㎝の葉柄《ようへい》の先に長さ15～30㎝の腎円形の葉身《ようしん》を広げる。

果実は円柱形の痩果（そうか）で、冠毛がある。

キク科

アザミの仲間でいちばん早く花が咲く

ノアザミ（野薊）

5～8月　本州、四国、九州

鮮やかな赤紫色の花をつける多年草。春から咲くアザミはこのノアザミだけ。茎は高さ50～100cmになり、枝先に径4～5cmの頭花をつける。総苞《そうほう》片は反り返らず粘るのが特徴。根《こん》生《せい》葉は倒卵状長楕円形で羽状中裂し、ふちには刺《とげ》が多い。茎《けい》葉《よう》は互生し、基部は茎を抱く。果実は痩果《そうか》。

総苞片が粘るノアザミの花。花の上を指で触ると、虫が来たと勘違いして花粉を吐き出す。

キク科

昭和の初めに札幌で発見された帰化植物

ブタナ（豚菜）

5～9月　北海道、本州、四国、九州

空き地や道端などに生えるヨーロッパ原産の多年草。花茎は高さ50cm前後ほどあり、上部の枝先に径3～4cmの黄色い頭花《とうか》をつける。花は舌状《ぜつじょう》花でタンポポに似ている。根生《こんせい》葉は鋸歯《きょし》のある長楕円形。果実は円柱形の痩果《そうか》で、羽毛状の冠《かん》毛《もう》をもつ。フランス語名「豚のサラダ」が和名になった。

タンポポモドキの別名がある。

『万葉歌とめぐる野歩き植物ガイド　春〜初夏』訂正

102ページ「ワラビ」の右の写真は、ゼンマイの誤りです。訂正してお詫び申し上げます。

ワラビの伸びた芽の先はいくつかに分かれ、先が小さく丸まっています。一方、ゼンマイの芽の先は、時計のゼンマイのように、くるりと巻いています。また、葉が展開すると、ワラビの小羽片は少し分裂して先が尾状に伸びますが、ゼンマイは分裂しません。

ワラビの写真

シソ科

ホトケノザ（仏座）

仏の蓮華座から名がついた越年草

4～6月

本州、四国、九州、沖縄

道端や畑に生える越年草。茎は細く株で枝を分け、高さ10～30㎝。上部の葉のわきに紅紫色の唇形《しんけい》花が数個輪生する。下唇は3裂し、中央裂片はさらに2裂する。茎を取り巻く上部の葉の形が連華座に似ているためこの名がついた。葉は線状円形で鈍い鋸歯《きょし》をもつ。上部は無柄《むへい》で下部は有柄。

段々につく葉。このため別名サンガイグサ(三階草)ともいう。

シソ科

オドリコソウ（踊り子草）

輪になって踊る踊り子に見立てて名がついた多年草

4～6月

北海道、本州、四国、九州

山野や道端、農村の藪《やぶ》などの半日陰に生える多年草。茎は高さ30～50㎝。8㎝前後の葉を対生し、茎の上部の葉の付け根に、淡紅紫色または白色の唇形《しんけい》花を輪生する。葉に隠れるようにつけた花は、横から見ると傘をかぶった踊り子のように見えることからこの名がついた。若い芽は食用になる。

葉は卵状三角形で、網目状の脈が目立つ。花の底には蜜が多く、吸うと甘い。

シソ科

小さなオドリコソウの意味からこの名がついた

ヒメオドリコソウ（姫踊り子草）

✽4～5月　北海道、本州、四国、九州、沖縄

道端、空き地、畑や土手などに生える越年草。明治時代の中頃にヨーロッパより渡来した帰化植物。オドリコソウよりはずっと小さく、高さ10～25cmほど。茎に短い毛があり、上部の葉のわきに淡紅色の唇形《しんけい》花を輪状につける。花冠は径約1cm。卵形状の葉は上のほうに密につき、赤紫色を帯びる。

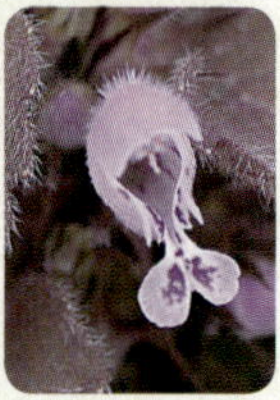

ぽつんぽつんと生えることは少なく、群生することが多い。

シソ科

垣根も通り抜ける生活力をもつ蔓《つる》性の多年草

カキドオシ（垣通し）

✽4～5月　北海道、本州、四国、九州

野原や道端に生える蔓《つる》性の多年草。茎は花時には直立するが、のちに蔓状になって地面を這う。葉の付け根に長さ約2cmの淡紫色の唇形《しんけい》花をつける。葉は腎円形で、長い柄があり対生し、鋸歯《きょし》がある。果実は4分果からなる。生活力が旺盛で、垣根を通り抜ける様子からこの名がついた。

茎や葉はゆでて食用にでき、乾かして茶として飲むと子どもの癇(かん)をしずめるため、別名カントリソウともいう。花の下唇には蜜がある場所を示す蜜標の濃い赤紫の斑紋がある。

シソ科

イシャゴロシ（医者殺し）の異名をもつ多年草

キランソウ（金瘡小草）

3〜5月　本州、四国、九州

茎は直立せず、地面を這うように葉を広げる多年草。茎や葉などには縮れ毛が多い。葉のわきに長さ約1㎝の濃い紫色の唇形《しんけい》花をつける。根生《こんせい》葉は倒披針《とうひしん》形で、鋸歯《きょし》がある。果実は卵球状の4分果。薬草として知られ、地獄に蓋をして病人を追い返す意から「ジゴクノカマノフタ」ともいわれる。

花の上唇は小さく、下唇は大きく3裂している。

シソ科

花が密集する様子を十二単に見立てた多年草

ジュウニヒトエ（十二単）

4〜5月　本州、四国

全体にふかふかした長白毛が生えている多年草。花は淡紫色から白色の唇形《しんけい》花で、階段状につき、穂のようになる。花が重なって咲く様子が、平安時代の女官が着た十二単を連想させるところから、この名がついた。葉は倒披針《とうひしん》形で、波《は》状鋸歯《じょうきょし》がある。果実は4分果からなる。

茎先に4〜6㎝の花穂を出し、淡い紫色の花が多数輪生状につく。

タデ科

茎と葉に酸味がある多年草

スイバ（酸葉）

5〜8月　北海道、本州、四国、九州

田の畦道《あぜみち》や土手などに生える多年草。茎の高さは30〜100㎝。茎先に総状花序をつける。雌雄異株《しゆういしゅ》で、雄花は緑色の萼《がく》片からなり、黄色の葯《やく》が垂れる。雌花は3個の花柱《かちゅう》からなり、柱頭はふさ状に細かく裂ける。葉は長楕円状の披針《ひしん》形。基部は矢尻形になっている。茎や葉に酸味がある。

雄花（右）と雌花（左）

タデ科

スイバの小型版。ヨーロッパ原産の多年草

ヒメスイバ（姫酸葉）

5〜8月　北海道、本州、四国、九州、沖縄

草地に生えるヨーロッパ原産の帰化植物。多年草。スイバに比べて花茎は20〜40㎝と低く、葉の長さは2〜6㎝と小型なのが特徴。雌雄異株《しゆういしゅ》。葉は矛《ほこ》形で、小さくてやわらかい。スイバ同様、茎や葉をかむと酸っぱい。細い地下茎《ちかけい》があり、新しい株をつける。

スイバにくらべて小ぶりなので、姫酸葉の名がついた。

タデ科

白い花に赤い葯《やく》がアクセント

ハルトラノオ（春虎の尾）

4〜5月

本州、四国、九州

山地の林の中に生える多年草。花茎を直立させ、春の早いうち、その先端に花穂《かすい》をひとつだけつける。花は2〜3㎜の白色で、花弁はなく、花弁状の萼《がく》が深く5裂する。雄しべは8本で、葯《やく》は赤色。花柱《かちゅう》は糸状で3個。根生《こんせい》葉は卵円形〜卵形。先は短鋭形で、基部は葉柄《ようへい》に沿って流れる。

花は茎の先だけにつく。

タデ科

重なる葉の上に白い筆状の花穂《かすい》をつける

クリンユキフデ（九輪雪筆）

5〜7月

本州、四国、九州

春早く、ブナの森などでよく見かける多年草。草丈は人のスネほどになるが、茎がやわらかいので倒れて咲いているものが多い。花が茎の先端と葉の付け根の両方についているのが特徴で、酷似するハルトラノオと区別するポイントだ。名は重なった葉の上に、白い筆状の花が咲くことに由来する。

茎は直立し、高さ15〜35㎝。

アブラナ科

草地に旗竿のようにまっすぐに立つアブラナ

ヤマハタザオ（山旗竿）

5〜7月　北海道、本州、四国、九州

名前にあるように、旗竿がまっすぐに立っているように花茎を伸ばす越年草。高さは30〜90cm。先端に総状花序をつける。花は白色で、花弁は披針《ひしん》形。葉に波状の鋸歯《きょし》があり、茎を抱き、毛が密生する。果実は長角果で、茎に沿って直立する。種子は一列に並ぶ。

果実は茎に沿ってなる。

アブラナ科

日本に自生する種では一種のみのキバナハタザオ属

キバナハタザオ（黄花旗竿）

6〜7月　本州、九州

山地の林縁《りんえん》に生える多年草。茎は直立し、白毛があり、高さ30〜120cm。ときに分枝する。葉は柄があり、卵形〜卵状披針形で長さ6〜16cm。先が尖る。基部は楔《くさび》形で、ふちに波状の鋸歯《きょし》がある。両面に白毛があるのが特徴。枝先に総状の黄色い4弁花をつける。果実は長角果で、長さ7〜14cm。

花弁は黄色の狭倒卵形で、長さ1〜1.5cm。雄しべは6個。種子は長楕円形で褐色。先に膜質の突起がある。

トウダイグサ科

昔の室内の灯り「燈明台」に見立てた越年草

トウダイグサ（燈台草）

3〜4月

本州、四国、九州、沖縄

日当たりのよい畑や道端に生える越年草。茎の先端に放射状に枝を伸ばし、その上に黄緑色の総苞葉《そうほうよう》とともに杯状花《はいじょう》序をつける。花は壺のような形で、花序の軸の内側に2本の雄しべからなる多数の雄花と、その中央に1本の雌しべからなる雌花がある。茎の高さは20〜40㎝で、切ると白い液が出る。

白い液は有毒。葉はへら形〜倒卵形で細かな鋸歯（きょし）があり、柄はない。

トウダイグサ科

クワガタムシの角のような不思議な形の腺体をもつ

ナツトウダイ（夏燈台）

4〜5月

北海道、本州、四国、九州

田畑の土手や雑木林などで見かける多年草。茎は無毛で、高さ20〜40㎝。傷つけると白い液を出し、有毒。葉は倒披針《とうひしん》形で丸く、基部は次第に狭まり、茎の下部でまばらに互生する。逆傘状の枝を伸ばし、杯状《はいじょう》花序をつける。花序の腺体は三日月の形をしており暗赤色。果実は球形の朔果《さくか》。

クワガタムシの角のような形をしている花序。

ムラサキ科

山地に生えるかわいい瑠璃《るり》色の花

ヤマルリソウ（山瑠璃草）

✽ 4～5月　本州、四国、九州

山地の林や道端などの湿った場所に生える多年草。茎先に径約1㎝の瑠璃《るり》色の可憐な花をつける。花冠《かかん》は5裂し、最初は淡紅色をしているが、やがて淡い青紫色になる。根生《こんせい》葉は倒披針《とうひしん》形で、ふちは波打ち、毛が多く生えている。茎葉はやや茎を抱く。果実は扁平な円形で4分果からなる。

茎は倒れて山沿いの斜面や、林の中でも傾斜しているところに生える。

メギ科

船の碇《いかり》に似た花が咲く多年草

イカリソウ（碇草）

✽ 4～5月　北海道、本州、四国、九州

山地や林に多い多年草。茎は高さ20～40㎝。茎先に紅紫色から白色の花をつける。花の形が碇《いかり》に似ているところから、この名がついた。花のつくりが独特で、4枚の萼《がく》片と4枚の花弁からなり、花弁は長い筒状の距になって奥に蜜を出す。葉の柄は3つに分かれ、さらに3枚ずつ小葉がつく。

古来、強壮の薬草としても知られている。果実は袋果。

サクラの材は美しく硬く、昔は版木として多用されていた。樹皮は小箱の外張りや三方の台を閉じるのに使う。花は飲みものに、果実は食用に。民間薬にも用いられる。

バラ科

ヤマザクラ（山桜）

『万葉集』では意外に登場回数が少ない

4～5月

本州、四国、九州

万葉名

桜《さくら》・佐《さ》久《く》良《ら》
作楽《さくら》・佐案《さくら》

春雨《はるさめ》の　しくしく降《ふ》るに
高円《たかまど》の　山《やま》の桜《さくら》は　いかにかあるらむ

河辺東人《かはへのあづまひと》（巻八―一四四〇）

歌意

春雨がしきりに降っているいまごろ、高円《たかまど》の山のサクラはどうなっているだろうか。

サクラは山野に自生する落葉樹。現代では神社や寺院、公園などに植栽され、多数見ることができるが、江戸時代末期にソメイヨシノが植木商によって作られるまで、サクラといえばこのヤマザクラを指していた。

赤茶色に染まった新葉と同時に淡い紅色の花を開くのが特徴。成葉は緑色で裏面は白みが強い。

サクラを題材とする歌は四十数首あるが、他にも「花」という表現でサクラを詠んでいると推測できる歌が数首ある。ウメの歌より少ないのは意外だが、それは当時、ウメが中国から渡来した流行の花だったことによると考えられている。

バラ科

クローブ（丁字《ちょうじ》）に似ている花が特徴

チョウジザクラ（丁字桜）

4～5月　本州、九州

落葉小高木で、高さは3～7m。葉は互生し、倒卵形で長さ6～10㎝。先端は尖り、ふちには2重鋸歯《きょし》がある。葉の両面に短い軟毛が密生する。花は淡紅色で、前年の枝に1～2個ずつ集まって咲く。垂れ下がって咲く形が香辛料の丁字《ちょうじ》（クローブ）に似ているところからこの名がついた。

萼（がく）は細長い筒状で、外面は赤みを帯びる。花弁は萼より小さく目立たない。

バラ科

日本には一種のみ自生するザイフリボク属の木

ザイフリボク（采振木）

4～5月　本州、四国、九州

雑木林の林縁《りんえん》などに生える落葉性の低木～高木。高さ5～10m。樹皮は灰褐色から暗褐色で、成木になると褐色の筋が多くなる。枝は初め暗紫色で、白または灰褐色の軟毛があるが、のちに黒褐色で無毛になる。葉は倒卵形か楕円形で、先端は尖る。花は枝先に白色の5弁花が10個ほど集まって咲く。

花の形が采配を振っているように見えるところから、この名がついた。

一重咲きの花は、ヤエヤマブキと間違われることが多いが、ヤエヤマブキは結実しない。

バラ科

ヤマブキ（山吹）

美女にたとえて詠まれた鮮やかな黄色い5弁の花

4月

北海道、本州、四国、九州

万葉名

山吹《やまぶき》

我《わ》が背子《せこ》が　やどの山吹《やまぶき》　咲《さ》きてあらば
止《や》まず通《かよ》はむ　いや年《とし》のはに

大伴家持《おほとものやかもち》（巻二十―四三〇三）

歌意

あなたの家のヤマブキが咲く時分には、絶えず訪れましょう、ずっと毎年。

ヤマブキを題材とした歌は18首あり、そのうち7首が家持の歌である。紹介した歌は「美しい花を手折り、酒壺を携えてやってきた愛しい女性」を詠んだもの。この歌のように、ヤマブキを万葉の美人にたとえた秀歌が多数ある。

ヤマブキは全国各地の山野に自生する落葉低木で、庭園などにも観賞用として植えられている。高さは1・5〜2mくらいになり、枝はよく伸びて先が垂れる。鮮やかな黄色の5弁花は、黄金色の代名詞「山吹色」になっている。実は緑色の痩果《そうか》だが、1〜5個集まってつき、夏に熟して暗褐色になる。

実は便秘薬、利尿薬に用いられる。

バラ科

香料にもなる高い芳香の花が咲く落葉低木

ノイバラ（野茨）

5～6月

北海道、本州、四国、九州

万葉名

宇《う》万《ま》良《ら》

荊《うまら》

道《みち》のへの　茨《うまら》の末《うれ》に　延《は》ほ豆《まめ》の
からまる君《きみ》を　はかれか行《ゆ》かむ

丈部鳥《はせべのとり》（巻二十─四三五二）

歌意

道のほとりのノイバラの枝に這ってはからみつく豆の蔓のように、私にまとわりつくあなたに別れて行くのであろうか。

万葉集でノイバラを歌った作品は、この一首のみ。作者が防人《さきもり》として、九州筑紫へ赴くときの歌である。妻や恋人との別れを連想するが、「君」とは身分の高い男性のこと。この場合は一般に、「仕える主人の若君」と解釈されている。

ノイバラは、原野や川岸に生える落葉小低木。樹高は約2m。やや蔓《つる》状で、茎に鋭い刺《とげ》がある。葉は楕円形で、小葉からなる羽状複葉。ふちには刺がある。初夏に、白い5弁の花が開く。花は、バラ特有のよい香りがする。晩秋には赤い実が熟し、薬用になる。園芸用のバラの台木として広く利用されている。

バラ科

草に隠れるように地面を這いまわる

テリハノイバラ（照葉野茨）

✽6～7月　本州、四国、九州、沖縄

川辺や海辺に生える蔓《つる》性の落葉低木。枝は無毛でまばらに刺《とげ》があり、地面を這い、長さ約3ｍになる。枝先に径約3㎝の白い5弁花をつける。葉は7～9の小葉からなり、厚く、表面は深緑色で光沢があり、裏面は黄緑色。ふちには広卵形で急尖頭の粗い歯牙《しが》がある。果実は偽果《ぎか》。卵球形で赤く熟す。

花は芳香があり、枝先に集まって咲く。葉の表面に光沢があることからこの名がついた。

バラ科

観賞用の庭木としても多用されるバラの花

ナニワイバラ（難波薔薇）

✽5～6月　本州、四国、九州、沖縄（栽培品）

中国原産の蔓《つる》性常緑低木。枝は強く、よく伸びて細かい刺《とげ》が多くある。小葉は3出複葉で、長さ2～4㎝。卵状楕円形で、先が尖る。無毛で硬く、表面は深緑色で光沢がある。枝先に、芳香のある白い5弁花をつける。江戸時代に大阪の植木屋が庭木として普及させたことからこの名がついた。

果実は偽果。長さ3・5～4㎝の洋ナシ型で小さな刺が密生する。熟すと暗橙赤色に熟す。

バラ科

食べることも可能なキイチゴ属

クサイチゴ（草苺）

✻4〜5月　本州、四国、九州

落葉小低木で高さ20〜60㎝。茎や枝には短い軟毛と腺毛が生え、細い刺《とげ》がまばらにある。葉は花柄《かへい》では3小葉、徒長《とちょう》枝《し》では5小葉。薄く細かな重鋸歯《じゅうきょし》があり、両面に毛がある。短い花柄を出し、先に少数の葉があり、先に1〜2個の花をつける。花柄や萼《がく》には軟毛と腺毛が混生する。果実は集合果。

赤く熟した集合果。球形で、直径は約1㎝。

万葉こぼれ話

樹皮も詠まれているサクラ

『万葉集』のなかに、サクラは「桜皮《かには》」という言葉で樹皮も登場している。

「あぢさはふ　妹《いも》が目離《めか》れて　しきたへの　枕《まくら》もまかず　桜皮巻《かにはま》き　作《つく》れる舟《ふね》に　ま梶貫《かぢぬ》き　我《わ》が漕《こ》ぎ来《く》れば……」（巻六・九四二）

歌は山部赤人が旅の途中で詠んだもの。「妻に別れて、その手枕もせず、桜皮を巻いて作った船に梶を通して漕いで来ると……」という意味。

「桜皮」をカンバの樹皮とする説もあるが、その強度などからウワズミザクラやチョウジザクラなど、ヤマザクラ系の樹皮を指しているとする説が有力である。

カンバ類の樹皮も、サクラ類の樹皮も、横に横長の皮目が筋状に入る。万葉の時代は、船や容器など器物の接ぎ目、合わせ目のすき間をふさぐために使われていた。

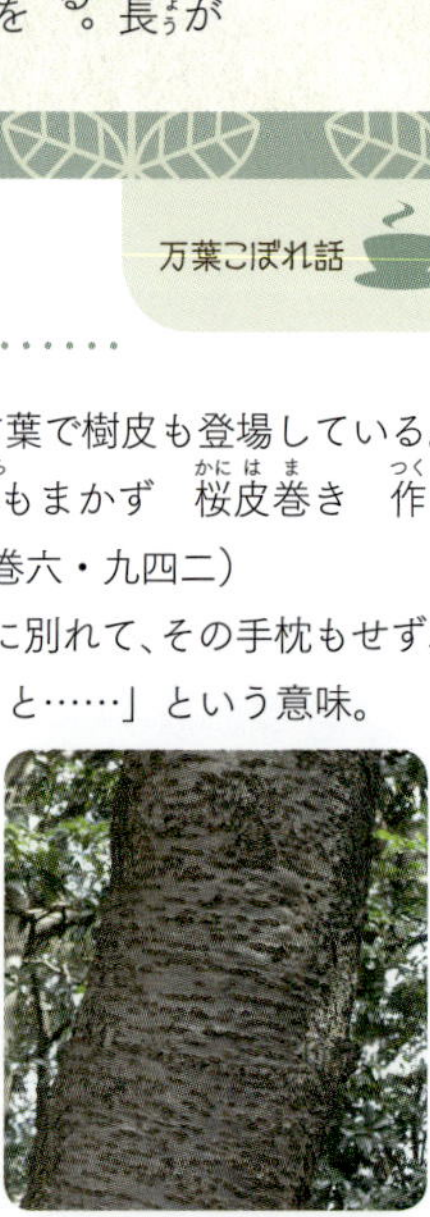

P59ヤマザクラの樹皮

鳥が種子を運ぶため、方言で「飛蔦」（とびづた）ともいわれている。

ヤドリギ科
ビャクダン科

樹上に寄生する姿に強い生命力を感じる

ヤドリギ（宿木・寄生木）

2〜3月

北海道、本州、四国、九州

万葉名

保《ほ》与《よ》

あしひきの　山《やま》の木末《こぬれ》の　ほよ取《と》りて
かざしつらくは　千年《ちとせ》寿《ほ》くとそ

大伴家持《おほとものやかもち》（巻十八―四一三六）

歌意
山の木の梢に生えているヤドリギを採って髪に挿したのは、千年の長命を祈ってのことです。

ケヤキやサクラ、ブナなど落葉広葉樹に寄生する高さ30〜80cmの常緑小低木。茎は緑色で円柱形をしており、やわらかく強い。早春に枝の葉の間に、小さな淡黄色の花が咲く。果実は球形で、熟すと淡黄色となり半透明。粘液があり、中に扁平な種子がひとつある。この実が鳥の糞などに混じって他の樹につくと、そこで発芽し、新芽となる。

ヤドリギを詠んだ歌は、この一首のみ。家持が越中国司時代に国中の郡司たちを集めて新年の宴を催したときに詠んだもの。冬でも青々として、樹上にへばりつく姿に生命力を感じ、縁起木として髪に挿したのだろう。

天然記念物となっているカツラの老木も多い。葉は広卵形で裏白。

カツラ科

花びらのない花をつける落葉高木

カツラ（桂）

3～5月

北海道、本州、四国、九州

目《め》には見《み》て　手《て》には取《と》らえぬ　月《つき》の内《うち》の
楓《かつら》のごとき　妹《いも》を　いかにせむ

湯原王《ゆはらのおほきみ》（巻四―六三二）

歌意

目には見えても、手には取れない。月の中のカツラのようなあなたをどうしたらよかろうか。

カツラは全国の山野に生える落葉大高木。幹の直径は約1・3m、高さは約27mもの大樹もある。ときには株が数本の幹に分かれて生育することもある。雌雄異株《しゆういしゅ》で、新緑の頃に紅色の雄花と淡紅色の雌花をつける。花びらはない。古名の「雄かつら」は、ヤブニッケイを「雌かつら」と呼ぶのに対してついたもの。材は建築や家具、碁盤、将棋盤などに使われている。

紹介した歌にある「月の内の楓」とは、「月の中にカツラがある」という中国の伝説から詠んだもの。いまは「桂」の字をあてるが、桂は中国ではモクセイ（木犀）を表す。

万葉名

楓《かつら》

ヤブツバキの種子からは良質な植物油が採れる。材は工芸材料に利用される。

ツバキ科

ヤブツバキ（藪椿）

『日本書記』にも見える、古来、人気の華麗な花

2〜4月

本州、四国、九州、沖縄

万葉名

椿《つばき》・海石榴《つばき》
都婆伎《つばき》
都婆吉《つばき》

我《わ》が門《かど》の　片山椿《かたやまつばき》　まこと汝《なれ》
我《わ》が手《て》触《ふ》れなな　地《つち》に落《お》ちもかも

物部広足《もののべのひろたり》（巻二十―四四一八）

歌意　わが家の門辺に咲いているヤブツバキよ、ほんとうにおまえは私の手が触れない間に、土に落ちてしまうのだろうか。

ヤブツバキは、海岸や山地に自生する常緑高木。葉は楕円形で、先が鋭く尖って厚く、表面にはつやがある。春、赤い5弁の花が咲く。ツバキの名は「厚葉木」や「艶葉木」からきているともいわれている。野生のツバキには、ほかにユキツバキがあり、これは日本海側の積雪地帯に自生している。その美しさから、現在は多くの園芸種がつくられている。

ヤブツバキを詠んだ歌は全部で9首。人気が高い花のわりには少ない。紹介した歌は、防人《さきもり》のもの。妻を故郷に残してきた防人の花の散る様に、恋心のはかなさをかけて詠んでいる。

花には甘い芳香がある。大きな葉は食器や杯に使われた。

モクレン科

芳香のある大きな葉は食器として使われていた

ホオノキ（朴の木）

5〜6月

北海道、本州、四国、九州

万葉名

保宝葉《ほほがしは》
厚朴《ほほがしは》
保《ほ》宝《ほ》我《が》之《し》波《は》

皇祖《すめろき》の　遠《とほ》御代《みよ》御代《みよ》は　い敷《し》き折《を》り
酒《き》飲《の》みきといふそ　このほほがしは

大伴家持《おほとものやかもち》（巻十九―四二〇五）

歌意

歴代の天皇のその御代御代には、このホオノキの葉を広げ折り畳み、酒を飲んだそうだぞ。

ほほがしわの現代名はホオノキで、これを詠んだ歌は2首ある。この家持の歌の他に、僧・恵行《えぎょう》が詠んでいる。どちらの歌からもホオノキが儀式に使われていたことがわかる。

ホオノキは山地に自生する落葉高木で、木がやわらかいので、昔は刀の鞘《さや》や版木、楽器などに使われていた。樹高は約20m。幹の太さは直径1mほどになる。日本特産の樹木で、葉は枝先に集まってつくが、その長さは30cm以上になる。葉にはよい香りがあり、このため器などに重用された。枝頭に直径20cmぐらいの黄色味を帯びた白い花をつける。日本の自生では最大級の花。

短期間に成長し、太陽の光を遮るエノキの樹。

アサ科

エノキ（榎）

古来、街路樹に多用された巨木

✻ 4～5月

本州、四国、九州、沖縄

万葉名

榎《え》

我《わ》が門《かど》の　榎《え》の実《み》もり食《は》む　百《もも》ち鳥《とり》　千鳥《ちとり》は来《く》れど　君《きみ》そ来《き》まさぬ

作者不詳（巻十六―三八七二）

歌意　門の傍らに生えるエノキの実をついばむ鳥たち。鳥はたくさん飛んで来るけれど、あなたはおいでになりません。

高さが20mを超える落葉高木で、幹の太さは直径1m。葉は非相性の卵円形。春から初夏にかけて淡黄色の雄花と雌花をつけ、秋に橙《だいだい》色の小さな甘い実を結ぶ。若葉はゆでると食べられ、材はろくろ引き細工や器具材、木炭材になる。大きく枝を広げ、夏に快適な樹陰をつくりだすため、江戸時代には一里塚にこの木を植える風習があった。

ときとして巨木になることに加え、ヤドリギが寄生することから「祟木《たたりぎ》」とも呼ばれた。

万葉集に詠まれた歌はこの一首のみ。門前のエノキの梢を見上げながら恋人を待つ様子がうかがわれる。

ケヤキの名は、際立つという意味の「けやかし」から生まれたといわれている。葉は卵形で先が尖り、ふちにぎざぎざがある。

ニレ科

ケヤキ（欅）

神木として植えられてきた生命力の強い落葉樹

4月

本州、四国、九州

万葉名

槻《つき》

天飛《あまと》ぶや　軽《かる》の社《やしろ》の　斎《いは》い槻《つき》　幾代《いくよ》まであらむ　隠《こも》り妻《づま》そも

作者不詳（巻十一―二六五六）

歌意　軽の社の神木のケヤキのように、いつまでこうして忍び妻でいるのだろうか。

「槻《つき》」はケヤキの古名。「欅」の字は漢名の誤用で、漢名のケヤキはクルミ科に属するという。槻を詠んだ歌は8首あるが、そのうち「斎《いわ》い槻」と詠まれているのが3首ある。いずれも神社や寺院に植えられた神木を指しており、それはケヤキが長命で、巨木になることに由来する。

ケヤキは山野だけでなく、人里にも植えられる落葉高木。高さは約30mにも及ぶ。幹の太さは直径2mを超えるものも多い。春から初夏にかけて、新しい枝の上部に雌花が、下部に雄花が集まって咲く。花の色は淡黄色。材は良質で建築・家具などに使われている。

ニレ科

樹皮がむけるところから名がついた落葉高木

ムクノキ（椋木）

4～5月

本州、四国、九州、沖縄

落葉性の高木で高さ約20m。幹は直立し多くの枝に分かれる。樹皮は灰褐色で、老齢になるにつれて鱗片《りんぺん》状にはがれる。葉は互生し長楕円形。先が尖り、表面がざらついている。雌《し》雄同株《ゆうどうしゅ》。春若葉が伸びると同時に淡緑色の小花が群がって咲く。果実は大豆ぐらいの大きさで、黒く熟し、甘みがある。

材は硬く、割れにくい。建築材、船舶材、野球のバットなどに使われた。

ニレ科

春に花をつけるニレの木

ハルニレ（春楡）

4～5月

北海道、本州、四国、九州

沢沿いの平坦地や湿地の周辺などに生える落葉の高木。高さ25～30mで、樹皮は灰褐色。枝は大きく広がり、コルク層の発達したこぶ状の突起が多くできる。黄緑色の微細な花を春につける。果実は倒卵形で広い翼《よく》がある。葉は倒卵状の楕円形。材は木目がはっきりしており、洋家具などに使われる。

葉のわきに小さな両性花が7～15集まって咲く。秋に紅葉するものもある。

ニレ科

秋に花と実をつけるニレの木

アキニレ（秋楡）

✻9月　本州、四国、九州、沖縄

川原や土手の周辺に多く生える落葉高木。高さ15m。樹皮は古くなると割れてはがれ落ちる。葉は倒卵状の長楕円形で、ふちには二重鋸歯《きょし》がある。色は濃い緑色で光沢がある。秋に葉のわきに淡黄色の小花が密につく。果実は翼果《よくか》で秋に熟す。材はハルニレより硬い。公園樹や街路樹に使われている。

葉は互生し、長さ2・5～5㎝、幅1～2㎝の長楕円形。花の葯(やく)は赤みを帯びていて、花柱には白い毛が密生している。

カバノキ科

しだれる尾状《びじょう》花序の様子が印象的な落葉高木

イヌシデ（犬四手）

✻4～5月　本州、四国、九州

山野だけでなく人里近くでも見られる落葉高木。高さ約15m。樹皮は暗褐色。葉は卵形または楕円形で、先が尖り、ふちに不規則な鋸歯《きょし》がある。葉の表面に長い軟毛がある。雌雄《しゆう》同株《どうしゅ》。花は葉の展開と同時に開花し、雄花の尾状《びじょう》花序は黄褐色で長さ5～8㎝。雌花は苞《ほう》の下に1個ずつつく。

雄花は苞の基部に2個ずつつく。花柱は紅色で先端が2裂する。

梓は版木としても使われた。本を出版する「上梓」という言葉は、ここからきている。

カバノキ科

ミズメ（水目）

枝を折るとサロメチールのにおいがする落葉高木

4月

本州、四国、九州

万葉名

梓《あづさ》・安豆左《あづさ》
安都左《あづさ》

梓弓《あづさゆみ》　引《ひ》かばまにまに　寄《よ》らめども
後《のち》の心《こころ》を　知《し》りかてぬかも

石川郎女《いしかはのいらつめ》（巻二―九八）

歌意

梓の弓を引くように、あなたが私の心を引いたらお言葉どおりに素直に従いましょう。でも、そのあとのあなたの気持ちがわからないのです。

ミズメは20mの高さに達する落葉高木。若い樹皮や材の外観がサクラに似ている。カンバの肌にも似ているのでアズサカンバともいう。枝を折ると強いサリチル酸メチルのにおいがする。「水目」の名は、樹液を傷つけると水のような液体がしみ出るところに由来する。葉は互生し、卵状楕円形で長さ5～8㎝。ふちに鋸歯《きょし》がある。雌雄同株《しゆうどうしゅ》。雄花序は枝先に、雌花序は短枝の先につく。

「あづさ」には他に、キササゲ、アカメガシワ、オノオレカンバなどを当てる説もあるが、古くから弓材と使われている点でミズメがふさわしいとされている。

センダンの実。万葉人は実の核を数珠のように貫いて、身につけていた。

センダン科

センダン（栴檀）

淡紫色の小花が密集して咲く落葉高木

5～6月

四国、九州、沖縄

妹《いも》が見《み》し　楝《あふち》の花《はな》は　散《ち》りぬべし
我《わ》が泣《な》く涙《なみだ》　いまだ干《ひ》なくに

山上憶良《やまのうへのおくら》（巻五―七九八）

歌意

生前の妻が見たセンダンの花は、もう散ってしまいそうだ。私の泣く涙はまだ乾かないのに。

センダンは、温暖な地域の海岸近くや森林辺縁に多く自生する落葉高木。初夏に淡紫色の小花が密生して咲き、秋になって、直径1・5㎝ほどの長楕円形の実がたわわにつく。実は熟すと黄色くなる。「栴檀《せんだん》は双葉より芳《かんば》し」のことわざにあるセンダンとは別物で、ことわざは白檀を指している。古くは5月の節句に、ショウブやヨモギとともに用いられていた。

紹介した歌は、筑前守だった憶良が大宰帥《だざいのそち》・大伴旅人《おおとものたびと》の妻の死を悼《いた》み、旅人の身になって詠んだもの。センダンの小さく可憐な花は、おとなしい女性の象徴であったといわれている。

万葉名

阿布知《あふち》
安不知《あふち》
安布知《あふち》・相市《あふち》

ジャケツイバラは、河原の砂地によく自生しているため、河原藤の別名をもつ。

マメ科

ジャケツイバラ（蛇結茨）

蛇がとぐろを巻くように曲がった茎の落葉低木

4〜6月

本州、四国、九州

万葉名

皁莢《かはらふぢ》

皁莢《かはらふぢ》に　延《は》ひおほとれる　屎葛《くそかづら》
絶《た》ゆることなく　宮仕《みやつか》えせむ

高宮王《たかみやのおほきみ》（巻十六―三八五五）

歌意　私はジャケツイバラに這い乱れているヘクソカヅラのように、いつでも絶えることなく宮仕えをしたい。

かはらふぢの現代名は、ジャケツイバラとする説とサイカチとする説がある。いずれもマメ科の落葉樹だが、ジャケツイバラは低木で、サイカチは高木。ここでは、ヘクソカヅラが「延ひおほとれる」（這い広がる）というイメージから、ジャケツイバラとして紹介した。

ジャケツイバラは、蔓《つる》性の茎が、蛇のとぐろのように曲がりくねった姿をしている。枝に刺《とげ》をもち、葉は羽状複葉。晩春〜初夏に黄色い花が開き、秋に長さ3㎝、幅3㎝ほどの豆果《とうか》となる。種子は有毒だが、漢方では「雲実《うんじつ》」といって、煎じて飲めばマラリアや下痢に効く。

花房は30〜100㎝と、ヤマフジより長い。

マメ科

奈良の都に多数咲く紫の花

フジ（藤）

5月

本州、四国、九州

万葉名

藤《ふぢ》・不治《ふぢ》
敷治《ふぢ》

藤波《ふぢなみ》の　花《はな》は盛《さか》りに　なりにけり
奈良《なら》の京《みやこ》を　思《おも》ほすや君《きみ》

大伴四綱《おほとものよつな》（巻三—三三〇）

歌意

フジの花が盛りになりました。この美しい花をご覧になると、奈良の都のことを懐かしくお思いになるでしょうね。

一般に「フジ」といえばノダフジ（野田藤）を指す。ノダフジは本州以南に広く分布する蔓《つる》性の落葉低木で、蔓は右巻き。葉は卵形の小葉からなる羽状複《ふく》葉《よう》。花は小さな紫色の蝶形で、総状に垂れ下がって咲く。果実は豆果《とうか》で、秋に暗褐色に熟す。蔓は縄の代用や工芸材料として使われている。

紹介した歌は、防人司《さきもりのつかさ》の次官として大宰府へ赴任した四綱がフジの花を見て、これまで住んでいた奈良の都を思い出しながら、大伴旅人《おおとものたびと》らに向けて詠んだもの。奈良には今も多くのフジの木が見られ、毎年春に花が咲きほこる。

マメ科

フジの蔓《つる》とは逆に巻きつく

ヤマフジ（山藤）

4〜5月　本州、四国、九州

ヤマフジは蔓《つる》性の落葉低木。山野に自生し、フジとは逆に蔓は左巻き。葉はフジと同じく、卵形の小葉からなる羽状複《ふく》葉《よう》。裏面に毛がある。4〜5月頃、紫色の蝶《ちょう》形の花が総状に垂れ下がって咲く。花房《かぼう》は10〜30㎝。フジもヤマフジも、昔は農村や山村の野良着である藤布の原料として重用された。

花房はフジより短い。

アヤメ科

湿った林などに群生する多年草

シャガ（射干）

4〜5月　本州、四国、九州

中国から渡来した多年草。日陰のやや暗い神社の森などで群れて咲いている姿をよく目にする。花茎は高さ30〜60㎝になり、上部で分枝し、径4〜6㎝の淡白紫色の花をつける。葉は光沢のある鮮やかな緑色で、長さ30〜60㎝。結実はせず、地下茎《ちかけい》を長く伸ばして栄養繁殖し、他の植物を追い出す。

「射干」とは中国でヒオウギのこと。これを日本でシャガと読んだのが名の由来。淡紫色の斑点が囲む花。外花被片のふちは細長く切れ込み、橙色の斑点と黄色の突起がある。

アヤメ科

北アメリカから渡来した帰化植物

ニワゼキショウ（庭石菖）

5～6月

北海道、本州、四国、九州、沖縄

日当たりのよい道端や芝生などに群れて生える多年草。茎は扁平で狭い翼《よく》があり、高さ10～30㎝。茎先に花柄《かへい》を出し、径1・5㎝の紫色または白紫の花をつける。花の中心は黄色をしている。星のような6片の花被《かひ》片があるのも特徴。葉は線形。果実は朔果《さくか》。

庭に生え、葉がセキショウに似ているところからこの名がついた。

アヤメ科

ニワゼキショウより背が高く、花は小さめ

オオニワゼキショウ（大庭石菖）

5～6月

北海道、本州、四国、九州、沖縄

ニワゼキショウ同様、北アメリカ原産の帰化植物。20～30㎝とニワゼキショウより高いが、花は径約1㎝と小さめ。淡青色で、ニワゼキショウより細めの紫色の帯が中央にある。内花被《ないかひ》片と外花被《がいかひ》片の大きさが異なる。果実は朔果《さくか》で、径約5㎜とニワゼキショウより大きい。

花被片は3枚ずつ大きさが違う。

枝先につく大きな混芽（下）。この中に花と葉の芽が入っている。

クスノキ科

タブノキ（椨の木）

海岸線に多く生える常緑高木

4～5月

本州、四国、九州、沖縄

磯《いそ》の上《うへ》の　つままを見《み》れば　根《ね》を延《は》へて
年深《としふか》からし　神《かむ》さびにけり

大伴家持《おほとものやかもち》（巻十九―四一五九）

歌意　磯のほとりのタブノキを見ると、根をたくましく張っていて何年も経っているらしい。神々しい様である。

万葉名

都万麻《つまま》

タブノキは常緑高木で、高さ約20m。幹の太さは径約1mで暗褐色。枝は緑色で赤みを帯びる。葉は枝先に集まってつき、光沢があり裏面はやや白い。葉は8～15cmで倒卵形。裂くと芳香があり、線香などの材料に用いられる。花は枝先から出た円《えん》錐《すい》花序につき、黄緑色。果実は液果で黒紫色に熟す。材は硬く、家具材や建築材に用いられる。

タブノキを詠んだ歌は、紹介したこの一首のみ。家持が越中の長官のとき訪ねた、高岡市の雨晴《あまはらし》海岸の渋谷《しぶたに》崎を眺めて詠んだ。現在、この場所にはつまま小公園がつくられ、この歌の歌碑が建てられている。

クスノキ科

防虫効果のある巨木

クスノキ（楠・樟）

5～6月　本州、四国、九州

人里近くに多い常緑高木。樹皮は暗灰褐色、若枝は緑色。葉は互生し長さ6～10cm。薄いが丈夫で、卵形～楕円形。裂くと樟脳《しょうのう》の香りがするのが特徴だ。花は円錐《えんすい》花序で淡い黄緑色。秋に球形の液果がなり、10～11月に黒く熟す。材と葉に含まれる樟脳は防虫剤やセルロイド製造原料に利用される。

全体に特異な芳香をもつことから「臭(くす)し」が「クス」の語源となった。「薬の木」が語源という説もある。

クワ科

イチジクとよく似た食感の実がなる

イヌビワ（犬枇杷）

4～5月　本州、四国、九州、沖縄

落葉または常緑小高木。沖縄以南では常緑。高さ約5mに達する。樹皮は灰色。葉は互生し基部は少し心形《しんけい》か丸まる。倒卵形～長楕円形で、長さは8～20cm。雌雄《しゆう》異《い》株《しゅ》で、初夏に花をつけるが、イチジク果状で外からは見えない。集合花である。果実は秋に黒紫色に熟し、食べられる。

傷をつけるとイチジクのように乳液が出る。葉の表面には微細な毛が散在。裏面は脈上に微毛がある。

イチジク属とコバチの密接な関係

「無花果《いちじく》」と書くように、イチジク属は花を咲かせた形跡がないのに、いつのまにか花を咲かせて実がつくように見える。しかし、実のように見えるのが花で、「花嚢《かのう》」といい、花の軸が肥大したものである。

イチジク属は雌雄異株《しゆういしゅ》で雄株と雌株があるが、その多くの受粉はコバチ（小蜂）によっておこなわれている。本書で紹介した「イヌビワ」の場合も同様で、受粉はイヌビワコバチがおこなっている。

そのしくみは見事である。まず、雄株の花嚢には、虫癭花《ちゅうえいか》という雌しべが短い雌花があり、そこにコバチの雌が卵を産みつける。すると、卵は花嚢の中で孵化《うか》。イヌビワコバチの幼虫は、雌が産卵する際につけた花粉によって発達を始めた胚珠をエサにして、成長する。やがて、成虫となった雄は羽化する前の雌と交尾をする。雌と交わった雄はその場で死んでしまうが、雌はそのまま大きくなり、羽が生えると雄花の花粉をつけて花嚢から出て飛んでいく。イヌビワコバチの雌は、そしてまた、イヌビワの花嚢に卵を産むのである。

ところが、コバチが雌株の花嚢に産卵しようとした場合、雌株の花柱はコバチの産卵管より長いため、産卵できない。そうして、産卵しようとコバチがもがいているうちに、身体につけてきた花粉を雄しべにつけ、受粉が成功する。受粉した花嚢は発達をはじめ、果実となるが、その花嚢に入ったコバチは外に出ることができず、そのまま死んでしまうのだ。

以上のような、産卵と受粉を延々とくり返すことで、イヌビワとイヌビワコバチは子孫を残し、次世代へと続いていく。

まさに自然界の生んだ、神秘といえよう。

イヌビワとイヌビワコバチのような関係は、ほかにも多数ある。

たとえば、アコウにはアコウコバチが、ガジュマルにはガジュマルコバチがいて、同じ関係性をもちながら共生している。

ところで、果実店で販売されているイチジクは、コバチによって受粉しなくても花嚢が発達する栽培品種である。雌株だけが育てられ、熟した実が店頭に並んでいる。

イヌビワの花嚢の中で成長するコバチ

甘酸っぱい実。昔は子どものおやつだった。

クワ科

養蚕《ようさん》に欠かせない落葉高木

ヤマグワ（山桑）

4〜5月

北海道、本州、四国、九州

万葉名

柘《つみ》桑《くは》・具《く》波《は》

筑波嶺《つくはね》の　新桑繭《にひくはまよ》の　衣《きぬ》はあれど
君《きみ》が御衣《みけし》し　あやに着欲《きほ》しも

作者不詳（巻十四―三三五〇）

歌意

筑波山一帯で採れる、新しい桑繭で織った着物はあるけれど、あなたさまが着ているお召しものが不思議にも無性に着たいのです。

「くわ」はクワ属の総称で、ふつうはマグワを栽植している。名は「カイコの食う葉」に由来する。万葉集では他に「柘《つみ》」とも呼ばれている。

丘陵や山地にあるのはヤマグワで、雌雄異株《しゆういしゅ》と雌雄同株《しゆうどうしゅ》のどちらもある。樹皮は灰色を帯び、葉は薄く、つやのある黄緑色。

ふちには粗い鋸歯《きょし》がある。

マグワは放置すると高さ10mにもなるが、葉を摘むために毎年株元で切り、その年に伸びた葉を養蚕に使う。切らずに2〜3年放置すると、春先の4月頃から花をつけ、5月頃から赤い実がなる。実は夏に黒く熟して、甘く食用となる。

郵 便 ハ ガ キ

料金受取人払郵便

本郷局承認

5949

差出有効期間
2014年(H26)
10月31日まで

1138790

(受取人)

東京都文京区本郷4-3-4
明治安田生命本郷ビル3F
太郎次郎社エディタス行

●ご購読ありがとうございました。このカードは、小社の今後の刊行計画および新刊等のご案内に役だたせていただきます。ご記入のうえ、投函ください。

〒
ご住所

お名前

☎

E-mail　　男・女　　歳

ご職業(勤務先・在学校名など)

ご購読の新聞	ご購読の雑誌

本書をお買い求めの書店	よくご利用になる書店
市区町村　　書店	市区町村　　書店

お寄せいただいた情報は、個人情報保護法に則り、弊社が責任を持って管理します

万葉歌とめぐる野歩き植物ガイド［春〜初夏］

●—この本について、あなたのご意見、ご感想を。

お寄せいただいたご意見・ご感想を当社のウェブサイトなどに、一部掲載させていただいてよろしいでしょうか？　（　可　匿名で可　不可　）

この本をお求めになったきっかけは？

●広告を見て　●書店で見て　●ウェブサイトを見て

●書評を見て　●DMを見て　●その他

よろしければ誌名、店名をお知らせください。

☆小社の出版案内をご覧になってご購入希望の本がありましたら、下記へご記入ください。

購入申し込み書	宅急便の代金引き換えでお届けします。オモテ面の欄に電話番号も忘れずお書きください。このハガキが到着後、２〜３日以内にご注文品をお届けします。送料は総額1500円未満500円。1500〜1万円で200円。１万円以上の場合はサービスです。		
	（書名）	（定価）	（部数）

切れ込んだ葉が混じる。葉の両面に細かい毛があり、触るとざらつき感がある。写真上は果実。

クワ科

紙や布の原料として知られる

コウゾ（楮）

5〜6月

本州、四国、九州

たくひれの　白浜波《しらはまなみ》の　寄《よ》りもあへず
荒《あら》ぶる妹《いも》に　恋《こ》ひつつそ居《を》る

作者不詳（巻十一―二八二二）

歌意　たくひれの（枕詞《まくらことば》）白い砂浜に寄せる波のようにそばに寄りつけずに、機嫌の悪いあなたに恋しつづけています。

コウゾは落葉の低木で、ヒメコウゾとカジノキの雑種として栽培用につくられた。枝はやや蔓《つる》状に伸び、葉は互生し、卵形で先端が長く尖る。雌雄異花《しゅういか》で、春、枝の下部の葉の付け根に雄花を、上部の付け根に雌花をつける。実は赤く熟し食べられる。根は黄色を帯び、浅く四方に広がっており、所々から不定芽を出し、群生する。古くから樹皮の繊維をとって、和紙や布の原料とされていた。

万葉集では「たへ」ともいい、持統天皇が詠んだ歌「春過ぎて夏来たるらし白たへの衣ほしたる天《あま》の香久山《かぐやま》」の「たへ」は、この木の布のことを指している。

万葉名

多《た》久《く》・栲《たく》　妙《たへ》

クワ科

コウゾを小ぶりにした落葉低木

ヒメコウゾ（姫楮）

✽4〜5月　▦本州、四国、九州

人里近い林のふちや草地などに生える落葉の低木、小高木で、高さ3〜5m。葉も花も実もコウゾと似ている。初夏になる実は赤く熟し食べられるが、刺《とげ》のような花柱に注意。樹皮の繊維は良質な和紙の原料となる。栽培用として開発されたコウゾに比べて全体に小ぶりなため、「姫」とついた。

雄花は径1㎝ほどの球形で、雄しべが目立つ。雌花は径5㎜で、花柱が長く伸びる。

クワ科

コウゾ同様、紙の原料になる落葉小高木

カジノキ（梶の木）

✽4月　▦本州、四国、九州、沖縄

古くから和紙の原料にされる落葉高木。高さ4〜10mでまれに16mにもなる。若い枝と葉の裏面にはビロード状の軟毛が密生する。雌雄異株《しゆういしゅ》。春、薄緑色の花をつける。雄花穂《ゆうかすい》は尾状に垂れ下がり、雌花穂は小球状で、紫色の花柱が周りを包む。果実はへら形で、秋に赤く熟し食べられる。

雌しべが伸びた雌花（右）と果実（左）。平安時代の七夕には、カジノキの葉に詩歌を書き、竹に下げたという。

実は赤く熟して美しく、鳥が好む。葉が広がると極端に水揚げが悪くなる。

スイカズラ科
レンプクソウ科

骨折や脱臼の治療に利用された落葉低木

ニワトコ（接骨木・庭常）

3～5月

本州、四国、九州

万葉名
山多豆《やまたづ》
山多頭《やまたづ》

君《きみ》が行《ゆ》き 日長《けなが》くなりぬ やまたづの 迎《むか》へを行《ゆ》かむ 待《ま》つには待《ま》たじ

衣通王《そとほりのおほきみ》（巻二―九〇）

歌意
あなたの旅は日数が重なった。迎えに行こうか、とても待ってはいられない。

ニワトコは、落葉低木で高さ約3～5m。枝は褐色でやわらかく、茎の中心にあるすきま・髄《ずい》が白い。葉は長楕円形の小葉からなる羽状複葉《ふくよう》。春、5弁で緑がかった白色の小花が、茎の先端に円錐《えんすい》形の塊になって咲く。実は赤く熟す。材は薄く切って骨折や脱臼などの治療に使われたため、「接骨木」の名がついた。古木には食用となるアラゲキクラゲがしばしば発生する。

紹介した歌の最後には、注として「ここにやまたづといふは、これ今の造木《みやつこ》といふ」と書かれている。ニワトコは葉や枝が対生しているところから、「迎へ」にかかる枕詞となっている。

シキミの実は、熟すとはじけて1個の種子となる。けいれん性の毒をもつ。

仏前や墓前に供える常緑の小高木

シキミ科
マツグサ科

シキミ（樒・梻）

3～4月

本州、四国、九州

万葉名

樒《しきみ》　之伎美《しきみ》

奥山《おくやま》の　しきみが花《はな》の　名《な》のごとや
しくしく君《きみ》に　恋《こ》ひ渡《わた》りなむ

大原真人今城《おおはらのまひといまき》（巻二十―四四七六）

歌意

奥山に生えているシキミの花の名前のように、私はしきりにあなたを恋しく慕いつづけることでしょうか。

常緑の小高木で高さ2～8m。神事に供えられるサカキに対し、シキミは仏前や墓前に供えられる。小枝の先に淡い黄色で径2・5㎝ほどの花が咲く。秋になる果実は星状に並ぶ数個の袋果《たいか》で、香辛料の八角に似ているが、有毒で食べると死に至ることがある。材には香りがあり、淡紅色で緻密。和名「しきみ」は、悪しき実、臭《くす》しき実に由来している。別名「花榊《はなさかき》」「花木《はなのき》」「仏花《ほとけばな》」「抹香木《まっこうぎ》」などとも呼ばれている。

紹介した歌では「しきみ」の「しき」をしきりにという意と絡めて、押韻の関係から「しくしく」を引きだす序としている。

常緑樹の林に生えるシキミに似た常緑低木

ミカン科

ミヤマシキミ（深山樒）

4～5月　本州、四国、九州

常緑低木で、高さは50～100㎝。葉がシキミに似ていて、山に生えることからミヤマシキミ（深山樒）と名づけられた。葉は長楕円形で先が尖り、枝先に集まってつく。雌雄異株《しゆういしゅ》。花は枝先に白い小花を円錐《えんすい》状につけ、紅色の実を結ぶ。若枝は緑色だが、古くなると灰色となる。

花弁は4枚、ときに5枚。果実は2～5個の核をもつ球状の核果。

サンショウより香りが劣るところから名がついた

ミカン科

イヌザンショウ（犬山椒）

7～8月　本州、四国、九州

原野や河原、林縁《りんえん》、道端などに生える落葉低木。高さ1・5～3ｍ。樹皮は灰緑色。葉は互生し、長さ7～20㎝の奇数羽状複葉《ふくよう》。ふちに細かな鋸歯《きょし》がある。刺《とげ》は互生に生える。葉軸にも小さな刺がある。雌雄異株《しゆういしゅ》で、枝先に長さ3～8㎝の散房花序を出し、黄緑色の小さな花を密につける。

果実は3個の分果。熟すと黒色でつやがあり、4～5㎜の楕円状球形。

ヨーロッパでは、この近縁種を墓地に植え、葬式で利用している。

ツゲ科

ツゲ（黄楊・柘植）

こんもり茂る葉が庭木や生垣に適した常緑樹

3～4月

本州、四国、九州

君《きみ》なくは　なぞ身装《よそ》はむ　くしげなる
黄楊《つげ》の小櫛《をぐし》も　取《と》らむとも思《も》はず

播磨娘子《はりまのをとめ》（巻九―一七七七）

歌意

あなたがいなくては、どうして身を飾ったりしましょうか。櫛箱にあるツゲの小さな櫛を手に取ろうとも思いません。

ツゲは常緑の小高木で、高さは2～3m。山のやせ地に生え、石灰岩や蛇紋《じゃもん》岩の上にも生える。葉は対生で密につき、楕円形で小さく硬い。葉が層をなして次々とつくところから「ツゲ」という名がついた。こんもりと葉が茂るので、庭木や生垣などにも使われている。春、淡黄色の小花が群生する。淡黄色の材は緻密で、櫛《くし》や印材、将棋の駒などに用いられている。

万葉集にツゲを詠んだ歌は6首あるが、5首までは黄楊櫛《つげぐし》の歌。紹介した歌は、播磨の国守・石川君子が任を解かれ都に帰るときに、播磨の国の民家の娘か娼《しょう》が詠んだもの。

万葉名

黄楊《つげ》

花は5弁。群がって咲く様は見事。エゴノキの果汁はのどを刺激し、エゴいために、この名がついた。

エゴノキ科

果実が石けんがわりになる落葉高木

エゴノキ（野茉莉）

5～6月

北海道、本州、四国、九州

万葉名

知《ち》佐《さ》

……ちさの花 咲《さ》ける盛《さか》りに はしきよし
その妻《つま》の児《こ》と 朝夕《あさよひ》に 笑《ゑ》みみ笑《ゑ》まずも……

大伴家持《おほとものやかもち》（巻十八―四一〇六）

歌意

エゴノキの花の真っ盛りに愛しい妻と、朝夕に機嫌よく笑ったり、またあるときは気まずく笑みも見せず、……

エゴノキは落葉の高木で7～15mにもなる。樹皮は平滑で淡黒色。葉は互生し、卵形で先が尖る。花は白色で枝の先に垂れ下がって咲く。果実は秋に熟し、乳状の果汁には有毒のサポニンを含む。石けんのかわりに洗濯に用いたり、若い果実は裂いて川に流し、魚を獲る漁に使われたりした。材は粘り強く硬く、柱や細工物などに用いられる。俗名「石けんの木」「ろくろ木」とも呼ばれている。

万葉集において「ちさ」は、エゴノキのほかに、キク科のチシャ（現在のレタス）とする説と、ムラサキ科のチシャノキとするふたつの説がある。

実は、遠くから見ると赤い花が咲いているように見える。

弓を作る材として使われていた落葉小高木

ニシキギ科

マユミ（真弓）

5〜6月　北海道、本州、四国、九州

万葉名

真弓《まゆみ》・檀《まゆみ》

南淵《みなぶち》の　細川山《ほそかはやま》に　立《た》つ檀《まゆみ》
弓束《ゆづか》巻《ま》くまで　人《ひと》に知《し》らえじ

作者不詳（巻七―一三三〇）

歌意

南淵（奈良県・明日香村の一帯）の細川山に生えているマユミの木。弓束を巻いて弓ができあがるまで、人に知られないようにしよう。

マユミは落葉小木。名前にあるように古くは弓の材として使われていた。和紙の原料とされていたこともある。葉は対生してつき、長楕円形。紅葉は紅色〜薄紅色になる。花は淡緑色で、前年の枝の上部に十数個ばらばらにつく。秋になる四角形の果実は薄紅色で、熟すと裂けて、赤い種子を露出する。

万葉集には12首詠まれており、〝弓は弦を引く〟ことから、その多くは「弾く」「張る」の枕詞として用いられている。ここで紹介した歌では弓の完成に恋の成就をたとえ、それまでは他人に恋仲を知られないようにしたいと願っている。

葉は革質で光沢がある。新芽は赤く色づく。葉にふくまれる毒はアセボトキシンという毒素で、殺虫剤にも使われていた。

ツツジ科

枝先に壺形の白い花をつける常緑低木

アセビ（馬酔木）

4〜5月

本州、四国、九州

万葉名

馬酔《あしび》・馬酔木《あしび》
安志妣《あしび》
安之碑《あしび》

磯《いそ》の上《うへ》に　生《お》ふるあしびを　手折《たを》らめど
見《み》すべき君《きみ》が　ありといはなくに

大来皇女《おほくにのひめみこ》（巻二—一六六）

歌意　岸のほとりに咲くアセビを手折ろうと思いますが、これを見せたいと思うあなたがこの世に生きているとは誰も言ってくれません。

アセビは常緑の低木で、高さ1〜2m。大きくなると4mに達する。葉は細長く互生し、枝の先端に輪生状につく。花序は房状となり、白く壺形の花が下を向いて咲く。葉や茎は有毒。馬が誤ってこの葉を食べると中毒症状を起こし、酒に酔ったようにふらふらになることから「馬酔木《あせび》」の名がついた。材はろくろ引きの細工物に使う。

万葉集で詠まれた歌は10首あるが、そのほとんどが奈良地方で詠まれたものである。

紹介した歌は、天武天皇の皇女・大来王女が、弟の大津皇子が刑死したのち、伊勢から都へ帰るときに詠んだものだ。

常緑性の葉は春に展開せず、夏に展開したもの。春に出た葉は秋に落葉し、夏出た葉だけが越冬する。雄しべが花弁状の花や、花筒が長いものなど多数の変種が存在する。

ツツジ科

ヤマツツジ（山躑躅）

夏に出た葉のみが越冬する半落葉低木

4〜6月

北海道、本州、四国、九州

万葉名

茵《つつじ》・管仕《つつじ》・管自《つつじ》・管土《つつじ》・都追慈《つつじ》

……竜田道《たつたぢ》の　岡辺《おかへ》の道《みち》に　丹《に》つつじの
にほはむ時《とき》の　桜花《さくらばな》　咲《さ》きなむ時《とき》に……

高橋虫麻呂《たかはしのむしまろ》（巻六―九七一）

歌意

……竜田道の岡辺の道に赤いツツジが色映えるとき、サクラの花が咲くときには……

全国各地の山野に自生する半落葉低木。高さは1〜3mほど。葉は楕円形で両面に毛があり、枝先に集まってつく。そのほとんどに朱赤色の漏斗《ろうと》状の花が咲くが、多くの変種が存在する。

万葉集では、ツツジがとりあげられている歌は全部で10首。「丹《に》つつじ」「白つつじ」や「岩つつじ」で表現されており、「白つつじ」以外はヤマツツジと思われる。

万葉人は色鮮やかな花に若々しい輝きを感じとっていたようだ。「つつじ花匂へをとめ」とか「つつじ花香へる君」のように、若く美しい男女の象徴として詠まれていることが多い。

実は2年目に熟す。

ヒノキ科

尖った葉がネズミの侵入撃退に使われた

ネズ（杜松）

4月

本州、四国、九州

万葉名

天木香樹《むろのき》・室木《むろのき》
廻香樹《むろのき》・室乃樹《むろのき》
牟漏能木《むろのき》

我妹子《わぎもこ》が　見《み》し鞆《とも》の浦《うら》の　むろの木は
常世《とこよ》にあれど　見《み》し人《ひと》ぞなき

大伴旅人《おほとものたびと》（巻三―四四六）

歌意

わが妻が見た鞆の浦のネズの木は今も変わらずにあるが、それを見た人はもはやいない。

日当たりのよい丘陵や海岸に生える常緑低木。ときに小高木となり、樹高は5～10mで、幹の太さが直径1mになる樹もある。樹皮は灰色がかった赤褐色で、葉は針状に硬く尖り、3輪生する。雌雄異株《しゆういしゆ》。実は球形で熟すと黒紫色になり、昔は照明用の油を採取した。煎じて飲めば利尿に効き、材は香りがよく和白檀《わびやくだん》といわれ、建築材や器具材となる。別名「ネズミサシ」「ムロ」ともいう。

紹介した歌は、大宰府から京へ旅人が帰る折り、海岸に生えているネズを見て亡妻を偲《しの》んだもの。他の歌も、磯の上や離島の磯のネズを歌っている。

樹皮は切り傷・やけどに効く。右の写真で少しもやがかったように見えるのは、花粉を飛ばしているところ。

日本特産の長寿な常緑大高木

スギ科／ヒノキ科

スギ（杉）

✿ 3〜4月

本州、四国、九州

うまさけを　三輪《みわ》の祝《はふり》が　斎《いは》ふ杉《すぎ》
手触《てふ》れし罪《つみ》か　君《きみ》に逢《あ》ひかたき
丹波大女娘子《たにわのおほめのをとめ》（巻四—七一二）

歌意 三輪の神官が神木として崇めているスギに手をふれた罰でしょうか。あなたに逢えないのは。

万葉名
杉《すぎ》・椙《すぎ》
須《す》疑《ぎ》

高さ40m、幹は直径2mにもなる日本特産の常緑高木。樹齢も7〜800年から1000年くらいのものが数多くある長寿の木。幹は直立し、樹皮は褐色で縦に裂ける。葉は小さな針状で、枝に密につく。

早春、枝の先に小さな楕円形の黄緑色をした雄花が群生し、風が吹くと花粉が土煙のように舞い上がって飛ぶ。近年は花粉症の原因として名高い。材は建築・家具などに多用される。スギの名は「直《す》ぐ木」に由来する。古名を「真木《まき》」という。

万葉集でスギを詠んだ歌は12首あるが、そのうち9首までが神聖な樹木として登場している。

樹皮は檜皮葺（ひわだぶき）として社寺の屋根葺きに用いられている。

ヒノキ科

ヒノキ（檜）

建築、社殿や仏像の材料として広く使われる

4月

本州、四国、九州屋久島

万葉名

檜《ひ》

**鳴《な》る神《かみ》の　音《おと》のみ聞《き》きし　巻向《まきむく》の
檜原《ひばら》の山を　今日《けふ》見《み》つるかも**

柿本人麻呂《かきのもとのひとまろ》（巻七―一〇九二）

歌意

たいへんな評判を聞いていた、巻向山（奈良県桜井市の北部の山）の見事なヒノキの林を今日は見ることができたよ。

常緑の大高木で、樹高は30～40mに達し、幹の太さは2mにもなる。材は緻密で光沢と香気があり、耐水性が高く、建築用材として多用され、古くから植林された。樹皮は平滑で赤褐色。縦に裂け、薄片となってはげ落ちる。葉は鱗状に重なって対生する。球形をした雌花と楕円形の雄花が咲く。実は秋になり直径1㎝内外となり、熟すと赤褐色になる。この木片を摩擦して発火させていたことから「火の木」がヒノキとなった。

万葉集では9首詠まれており、巻向の檜原《ひばら》を詠んだものが3首、三輪の檜原が2首、初瀬の檜原が1首、その他が3首ある。

ヒノキ科

耐水性の強い材は桶《おけ》や建具などに多用

サワラ（椹）

4月　本州、四国、九州

湿った谷などに自生する常緑高木。高さは約30〜40m。樹皮は灰褐色で、縦に裂けはがれる。樹形は円錐《えんすい》形で、葉は鱗状でヒノキに似ているが、枝がまばらで樹冠や枝が透けて見える。花は紫褐色で楕円形の雄花と、黄褐色で球形の雌花をつける。材はやわらかく黄味を帯び、桶《おけ》や建具に用いる。

材は耐水性が強い。

マツ科

樹皮の黒さが特徴の常緑高木

クロマツ（黒松）

4〜5月　本州、四国、九州

海岸に生える常緑の高木で、高さ30m、幹の太さは直径1・5mにもなる。樹皮は黒く、古くなると亀甲状に割れる。葉は2枚ずつ対につき、針状で硬い。材は白色で建築や土木に使われ、樹脂は燃料や香料に用いられる。別名「雄松《おまつ》」という。この木も万葉集で詠まれたと考えられている。

雄花と雌花をつける。

常緑で春夏秋冬、濃い緑であることから、マツは神霊の宿る木として神聖視されていた。樹皮が赤褐色で女性的なので、別名「雌松（めまつ）」と呼ばれている。

マツ科

アカマツ（赤松）

古《いにしえ》より神聖視されてきた常緑高木

4～5月

北海道、本州、四国、九州

万葉名

松《まつ》

松《まつ》の葉《は》に　月《つき》はゆつりぬ　黄葉《もみちば》の
過《す》ぐれや君《きみ》が　逢《あ》はぬ夜《よ》の多《おほ》き

池辺王《いけべのおほきみ》（巻四―六二三）

歌意　マツの葉に光を投げながら月は移ってしまった。あの方はもう亡くなってしまったわけでもないのに、会えない夜が多いことだ。

常緑の高木で、高さ30m、幹は直径1・5mにもなる。樹皮が赤褐色となることからこの名がついた。葉は針状で2枚が対になってつき、やわらかい。材は建築、土木などに使われる。マツタケはこの周辺に生える。

万葉集にはマツを詠んだ歌が79首もあり、樹木のなかではもっとも多い。浜辺のマツを詠んだ歌が多いが、他に、浜松・磯松・山松など生えている場所の名称として詠んだもの、若松・小松・千代松などマツの老若を表現した歌などもある。紹介した歌のように、同音の「待つ」の序や掛詞《かけことば》として用いられていることも多い。

樹皮からはタンニンが採取される。材はパルプの原料となる。葉の先はくぼみ、濃緑色で光沢がある。

モミと混成し、尾根に多く生える常緑高木

マツ科

ツガ（栂）

4～5月

本州、四国、九州

万葉名

樛木《つがのき》・都賀乃樹《つがのき》
刀我乃樹《つがのき》
都我能奇《つがのき》

みもろの 神奈備山《かむなびやま》に 五百枝《いほえ》さし しじに生《お》ひたる
つがの木《き》の いや継《つ》ぎ継《つ》ぎに 玉葛《たまかづら》 絶《た》ゆることなく
ありつつも やまず通《かよ》はむ 明日香の……

山部赤人《やまべのあかひと》
（巻三―三二四）

歌意　神のおわす神奈備山にたくさんの枝を広げ、すきまなく生い茂るツガのように、次々に絶えることなく通いたいと思う明日香の……。

ツガは常緑の高木で、高さ20m、幹の直径は1mにもなる。樹皮は赤褐色で割れ目が目立つ。葉は短い針状で2列に並んで密生する。黄色い花粉を出す雄花と紫色の雌花をつけ、果実は長卵形の球果。はじめは緑色をしているが、熟すと褐色になり、枝の先端に下がる。材は淡黄色で木目がはっきりしている。スギにくらべて硬く、天井板や床柱などの内装材として使われている。別名「トガ」ともいう。

万葉集に登場するのは5首あるが、すべてが長歌。うち4首は紹介した歌のように「ツガの木」が「いや継ぎ継ぎ」の枕詞として使われている。

果実の松かさは直立してつく。

マツ科

モミ（樅）

5月

本州、四国、九州

松かさの実をつける常緑の巨木

万葉名

臣《おみ》の木《き》

岡《をか》に立《た》たして　歌思《うたおも》ひ　辞思《ことおも》ほしし　み湯《ゆ》の上《うへ》の　木群《こむら》を見《み》れば　臣《おみ》の木も　生《お》ひ継《つ》ぎにけり……

山部赤人《やまべのあかひと》（巻三―三二二）

歌意

（天皇が）岡に立って歌を案じ言葉を練られた、温泉のほとりの林を見ると、モミの木も生え変わり茂ってきている。

「おみのき」を詠んだ歌はここで紹介した長歌1首のみ。山部赤人の比較的初期のころの作品で、舒明《じょめい》天皇が皇后と行幸した地を詠んでいる。

「おみのき」の現代名は「モミ」。日本特産の常緑の大高木で、高さ30〜50m、幹の直径1〜1・5mにもなる。樹皮は黒灰色で裂け目があり、粗雑感がある。葉は針形で、小枝に密生する。

前年の枝に円柱状で黄色の雄花、長楕円形で緑色の雌花が咲く。果実は球果で、長さ10㎝の黄緑色。熟すと中軸を残して飛散する。材は白色で軽く、建築や家具のほか、卒塔婆《そとば》や経木《きょうぎ》、棺《ひつぎ》などに多用されている。

果穂がドライフラワーに多用されている落葉小高木

カバノキ科

ヤシャブシ（夜叉五倍子）

3〜4月　本州、四国、九州

日当たりのいい崖地や荒地に生える落葉小高木。根に根粒があり、菌類と共生しているため、やせ地でも成長が速い。よく枝分かれし、葉は長楕円形で、先が尖っている。枝先に雄花の花穂《かすい》を垂れてつけ、その下方に球状の雌花穂をつける。果穂《かすい》は松かさ状をしていて、タンニンを含む。

花穂（右）と果穂（左）。果穂はドライフラワーなどによく使われている。

ヤシャブシよりも大きな葉、海岸生の落葉小高木

カバノキ科

オオバヤシャブシ（大葉夜叉五倍子）

3〜4月　本州、八丈島

海岸近くの山野に生える落葉小高木。根に根粒菌をもち、やせ地でも育つので、砂防の緑化をするときの樹木として各地に植えられている。ヤシャブシより大きな葉がつくので、この名がついた。樹皮は灰褐色で皮目が多く、縦に筋が入る。葉は互生し卵形。ふちに鋭い鋸歯《きょし》がある。雌雄異花《しゆういか》。

雌花序が雄花序より上部につくのが、オオバヤシャブシの特徴。花序はそのまま松かさ状の果穂となる。

ヤナギ科

バッコヤナギの別名をもつ落葉小高木

ヤマネコヤナギ（山猫柳）

✻ 3〜5月　北海道、本州、四国

山地の林のふちや道沿いなど、日当たりのいい場所に生える落葉小高木。高さ3〜10m。葉は互生し、長楕円形で、裏は白色の毛が密生する。葉に先だち、2〜5㎝の黄色い尾状花序をつける。雄花穂《ゆうかすい》は楕円形、雌花穂《しかすい》はねじれた長楕円形。樹皮をはぐと、材の表面に隆起線がある。

成葉のふちは表裏に小さく波打ち、波状鋸歯がある。

ゼンマイ科

ワラビと並んで春を代表する山菜

ゼンマイ（薇）

北海道、本州、四国、九州、沖縄

平地から山地の林下によく生える多年生のシダ。高さは50〜100㎝。春先に胞子葉を出し、次いで長三角形の小葉からなる羽状複葉の栄養葉を出す。どちらも芽生えた頃は綿毛で覆われ、渦巻き状に巻いている。若い芽はワラビと並び、山菜の代表格で食用になる。

ゼンマイの栄養葉の新芽(右)。綿帽子の中は薄くつるつるしている。左の写真はゼンマイの胞子葉。

新芽は古くから食用とされてきた。

コバノイシカグマ科

春を代表する山菜

ワラビ（蕨）

北海道、本州、四国、九州、沖縄

石走《いはばし》る　垂水《たるみ》の上《うへ》の　さわらびの
萌《も》え出《い》づる春《はる》に　なりにけるかも

志貴皇子《しきのみこ》（巻八―一四一八）

歌意
岩の上をほとばしる滝のほとりにも、ワラビが芽を出す春がもう来たものだなあ。

全国のいたるところの山野に生える多年草。日当たりのよい場所を好む。葉はまばらに出る。こぶしのように巻いた若芽は、早蕨《さわらび》といい、代表的な春の食用菜である。生長すると葉の高さは1～2mにおよぶ。初夏から秋にかけて、葉のふちの裏側に胞子を包み込んでいる。根茎を砕いてデンプンをとったものが「ワラビ粉」で、餅や団子を作る。

万葉集でワラビが歌われているのはこの一首のみ。志貴皇子は天智天皇の皇子で、春が来た喜びを歌っている。代表的な食用菜のワラビが一首だけなのは、山菜類を「菜」「春菜」「若菜」の名で詠んだためともいわれている。

万葉名
和良比《わらび》
蕨《わらび》

カブの黄色い花と実。

アブラナ科

カブ（蕪）

7～8世紀に中国から渡来した野菜

✻ 4～5月

栽培植物

食薦《すごも》敷《し》き　蔓菁《あをな》煮《に》持《も》ち来《こ》　梁《うつばり》に
行縢《むかばき》掛《か》けて　休《やす》むこの君《きみ》

長意吉麻呂《ながのおきまろ》（巻十六―三八二五）

歌意　食事のときの敷物である食薦を敷いて、カブを煮て持ってまいれ。梁に山野を歩くときに着用する行縢を掛けて、休んでいるこの君のもとへ。

カブの祖先は地中海沿岸発祥といわれ、古代に日本に渡来した越年草。春の七草に数えられるスズナがこのカブ。球形をした根は白色が一般的だが、赤色や黄色、紫色のものもある。春、黄色の十字形の花を総状につける。「カブラ」ともいう。

万葉集で「あをな」が詠まれているのはこの一首のみだが、単に「菜」「春菜」「若菜」「朝菜」と詠まれているのも、あをなの類だと推察する説もある。あをなは緑色をした葉野菜の総称と考える説も多い。紹介した歌は食薦《すごも》・あをな・梁《うつばり》・行縢《むかばき》という4つの物を一首に詠んだ機知と技巧に富んだ歌である。

万葉名

蔓菁《あをな》

アブラナ科

道端や畑で見かける多年草

イヌガラシ（犬芥子）

✻ 4～9月　▦ 北海道、本州、四国、九州、沖縄

路傍や畑に生える多年草で、高さ30cmほどになる。茎は枝分かれして、その先に多くの黄色い花をつける。花の大きさは径4～5mmで、4弁の花弁が十字状につく。茎の下のほうから咲く。古く農作物とともに帰化したものとも考えられている。果実は1・5～2cmの円柱状。

果実(写真左)は長角果で、やや弓なりに曲がる。

アブラナ科

果実が丸くころころしているアブラナ

スカシタゴボウ（透田牛蒡）

✻ 4～10月　▦ 北海道、本州、四国、九州

水田や道端の湿地に生える越年草。高さ30～80cmで、根生葉は長さ5～15cm。羽状に裂け、先端ほど裂片が大きく、ふちに鋸歯《きょし》がある。枝先に黄色い4弁花を多数つける。果実は短角果。イヌガラシに似ているが、果実が丸くころころとした円柱形で、葉が羽状に裂けている点で区別できる。

果実の中は隔壁で2室に分かれている。

アブラナ科

ヨーロッパから渡来した辛みのある生食菜

オランダガラシ（和蘭芥子）

5～6月　北海道、本州、四国、九州

清流沿いなどに生える、ヨーロッパ原産の多年草。茎は中空で高さ20～50cm。茎の下部は水中を這い、葉は奇数羽状複《ふく》葉《よう》で互生する。茎の頂に白色の小花を密につける。葉は楕円形～卵形の小葉が3～11個からなる。果実は長さ1～1・7cmの長角果。日本には明治初期に移入した。別名「クレソン」。

水辺に群生する。

アブラナ科

町の春を彩る赤紫の花が目印

ショカッサイ（諸葛菜）

4～5月　北海道、本州、四国、九州

江戸時代に渡来した中国原産の二年草。中国名がそのまま和名に使われているが、別に「ハナダイコン」「シキンサイ」などとも呼ばれている。茎は高さ20～80cm。茎頂《けいちょう》に総状花序をつけ、径2・5～3cmの紅紫色の4弁花。根生《こんせい》葉と下部の葉は柄があり羽状に深裂。上部の葉は長楕円形で茎を抱く。

葉はいずれも波状鋸歯（はじょうきょし）。果実は長さ約10cmの長角果。

アブラナ科

セイヨウカラシナによく似たアブラナ

セイヨウアブラナ（西洋油菜）

3～4月　北海道、本州、四国、九州

明治時代以降に渡来した、ユーラシア大陸原産の越年草。茎は高さ30～80cmになり、上部に黄色の4弁花を多くつける。茎葉《けいよう》は披針《ひしん》形～卵形で、低鋸歯《きょし》があり、柄の基部が広がって茎を抱く。よく似たセイヨウカラシナとはここで区別できる。葉と茎は粉白を帯びる。果実は5～10cmの長角果。

セイヨウカラシナとよく似ているが、茎葉が茎を抱くのが、このアブラナ。

アブラナ科

淡紅紫色の花をつける野生化したダイコン

ハマダイコン（浜大根）

4～6月　北海道、本州、四国、九州

海岸の砂地に生える多年草。大根の名はついているが、根は細く、硬くて食べることはできない。茎は高さ30～70cm。まばらに分枝し、粗毛がある。枝先に総状花序を出し、淡紅紫色の4弁花を多数つける。葉は互生し、両面に硬い毛を散生し、羽状に裂ける。果実は数珠《じゅず》状のくびれのある長角果。

花弁には紫色の脈があり、基部に長い爪がある。果実の長さは5～8cm。

アブラナ科

「ペンペングサ」の異名をもつ春の七草のひとつ

ナズナ（薺）

3～6月　北海道、本州、四国、九州、沖縄

道端や田畑などに生える越年草。別名「ペンペングサ」は、果実が三味線のバチに似ているところからついた。茎は高さ10～50㎝。茎の頂に総状花序を出し、径約3㎜の白色の4弁花を多数つける。根生《こんせい》葉は羽状深裂し、裂片は細長い。上部の葉は線状披針《ひしん》形で、基部は茎を抱く。春の七草のひとつ。

短角果の果実。引っぱり果柄ごとぶら下げて耳元でふると、からからと音がする。

アブラナ科

ナズナに似ているが食べられない越年草

イヌナズナ（犬薺）

3～6月　北海道、本州、四国、九州

人家近くの畑や荒れ地でよく見かける越年草。北半球の温帯に広く分布する。茎はしばしば分枝して、高さ10～30㎝になる。茎の頂に総状花序を出して、径4㎜の黄色の4弁花を多数つける。根生《こんせい》葉はへら形、茎葉は狭卵形～狭長楕円形。葉質は厚く、果実は扁平な長楕円形の短角果。

葉や実には毛が密に生える。

小さな軍配形の実が特徴的な北アメリカ原産の越年草

アブラナ科

マメグンバイナズナ（豆軍配薺）

5～6月　北海道、本州、四国、九州

北アメリカ原産の越年草。道端や乾いた空き地、河原などに生える。茎は無毛で高さ20～50㎝。枝先に総状花序を出し、径約3㎜の緑白色の4弁花を多数つける。グンバイナズナに似ているが、小さな果実をつける。上部が箒《ほうき》状に枝分かれしているのが特徴。

茎から多数出ている軍配形のものが果実。

雪解けと同時に小さな白い花を咲かせる越年草

アブラナ科

タネツケバナ（種漬花）

3～6月　北海道、本州、四国、九州

田の畔《あぜ》や水辺に生える越年草。茎は下部で分枝し、高さ10～30㎝。枝先に総状花序を出し、花弁の長さ3～4㎜の白い4弁花を多数つける。葉は奇数羽状複葉《ふくよう》で、頂小葉《ちょうしょうよう》は大きく、側小葉は2～16個。果実は細長い円柱状の長角果。苗代用の種籾《たねもみ》を水に漬ける頃に花が咲くのでこの名がついた。

細長い棒状のものが果実。若い葉はゆでて食べることができる。

アブラナ科

近年、爆発的に増えた帰化植物

ミチタネツケバナ（道種漬花）

4～6月　本州、四国、九州

道端や空き地、庭園などに群生するヨーロッパ原産の越年草。ヨーロッパから東アジアにかけて分布し、北アメリカにも帰化している。タネツケバナに非常によく似ているが、茎と葉が無毛で、葉は羽状深裂し、小葉は広楕円形。頂葉《ちょうよう》が卵円形で大きいのが特徴。花茎には葉があまりつかない。

根生葉の小葉には柄があり、根生葉は果時まで残る。花弁の長さは2～3㎜。雄しべが4本の花が多い。

ヒガンバナ科

海岸沿いに大群生をつくる地中海沿岸原産の多年草

スイセン（水仙）

12～4月　本州、四国、九州

地中海沿岸原産の多年草。海岸近くに多く生える。冬に葉の間から花茎を伸ばし、高さ20～40㎝になる。茎の先に白い花をつけ、黄色の副花冠《かかん》が特徴的。葉は線形または帯状で、長さ20～40㎝。粉白を帯びる。花はよい香りがする。花壇や鉢植え、切り花などによく用いられる。

ラッパ状の副花冠が特徴的な白い花。

花は線香花火のような形で咲く。つぼみは総苞葉に包まれて、先が尖る。花序にはむかごがつくこともある。

ユリ科
ヒガンバナ科

古くから食用にされてきた春の山菜

ノビル（野蒜）

5～6月

北海道、本州、四国、九州、沖縄

万葉名

蒜《ひる》

醤酢《ひしほす》に　蒜《ひる》搗《つ》き合《か》てて　鯛願《たひねが》ふ
我《われ》にな見《み》せそ　水葱《なぎ》の羹《あつもの》

長意吉麻呂《ながのおきまろ》（巻十六―三八二九）

歌意

醤と酢にノビルを混ぜ合わせて鯛を食べたいと願う。私に見せるな、水草の吸物のようなまずいものを。

山野、道端、土手などに生える多年草。花茎はやわらかく、高さ約50～80㎝。茎の先に散形花序を出し、白紫色の6弁花を多数つける。鱗茎《りんけい》がある程度大きくなると、分かれて繁殖する強い生命力をもつ。根生《こんせい》葉は長さ30㎝ほどになり、断面は三角形となっている。葉、茎、球根すべてが食用になり、古くから珍重されていた。球根をすりつぶしてつけると虫刺されに効く。

「ひる」を詠んだ歌は、紹介した一首のみ。食べるとひりひりと辛いことから、この名がついた。漢名「蒜《さん》」はニンニクのことであるが、ネギ類の総称としても用いられることがある。

スミレ科

田畑や人里などに生えるスミレ

ノジスミレ（野路菫）

✻ 3～5月　本州、四国、九州

日当たりのよい道端、田畑、人里などに生える多年草。スミレによく似ているが、葉や茎がビロード状の毛で覆われていて、花に芳香がある。側弁の基部はふつう無毛で、距は細長い。葉はヘラ形～長楕円形で、葉のふちが少し波打ち、鋸《きょ》歯《し》をもつ。野原の路傍に生えることからこの名がついた。

ビロード状の毛で覆われた茎が特徴的。

スミレ科

人里に咲く小ぶりなスミレ

ヒメスミレ（姫菫）

✻ 3～4月　本州、四国、九州

「姫」の名が象徴するように小形のスミレである。庭先や道端の石の間など、人家周辺に多く見られる。花は径10～15㎜で、濃い紫色をしている。草丈は4～10㎝。葉柄《ようへい》に翼《よく》はなく、葉の基部が張り出しているのが特徴。三角形の披針《ひしん》形で、長さは3～4㎝ある。

スミレと似ているが、全体に小さく、分布は人里に限られる。

ゴマノハグサ科
オオバコ科

地面に星を散らしたように咲く瑠璃《るり》色の花

オオイヌノフグリ(大犬の陰嚢)

3〜4月

北海道、本州、四国、九州、沖縄

日当たりのよい畑や道端に自生するヨーロッパ原産の越年草。茎にはやわらかい毛があり、分枝して地面を這い、長さ15〜40㎝。上部の葉のわきに、径8〜10㎜のコバルトブルーの小さな花をつける。花冠《かかん》は4裂。葉は卵状楕円形で、果実は朔果《さくか》。名前は大きな犬のふぐりの意味。

瑠璃色の花弁には、紫色の筋が入っている(右)。名は果実が犬の睾丸に似ているところから(左)。

ゴマノハグサ科
オオバコ科

淡紅色に紅紫色の筋が入る花が特徴的

イヌノフグリ(犬の陰嚢)

3〜4月

北海道、本州、四国、九州、沖縄

道端や石垣などに自生する越年草。明治時代にオオイヌノフグリやタチイヌノフグリが渡来する前は、日本ではこの草が多く親しまれていた。現在はまれにしか見ることができない。茎は下部で分枝して地面を這い、先は立ち、長さ10〜25㎝。上部の葉のわきから花柄《かへい》を出し、淡紅色の花をつける。

花には紅紫色の筋が入る(右)。左の写真は果実。

ゴマノハグサ科
オオバコ科

立ち上がった茎の先に青紫色の花が咲く

タチイヌノフグリ（立犬の陰嚢）

✻ 4〜6月

北海道、本州、四国、九州、沖縄

畑や道端などに生えるヨーロッパ原産の一年草。オオイヌノフグリと同じような場所に生えているが、少し乾いた場所も平気。這うオオイヌノフグリに対して、立ち上がって花が咲くのでこの名がついた。青紫の花は径3〜4㎜で、ごく小さい。葉は広卵形で柄はなく、大きな鋸歯《きょし》がある。

タチイヌフグリの花の花冠は4深裂。果実は平らな朔果(さくか)。

ゴマノハグサ科
オオバコ科

フランス人の植物学者の名がついた帰化植物

フラサバソウ（フラサバ草）

✻ 4〜5月

北海道、本州、四国、九州

ユーラシア原産の越年草。畑や荒れ地などに自生する。茎は下部で分枝し横に広がり、先は直立する。その長さは10〜40㎝。上部の葉のわきに淡青紫色の径4〜5㎜の花をつける。花冠《かかん》は4深裂。イヌノフグリと似ているが、萼《がく》のふちに長い毛が多く、果実が球形である点で区別することができる。

日本の帰化を最初に報告したフランスの植物学者、フランシェとサヴァチェのふたりにちなんで、フラサバソウと名づけられた。

ゴマノハグサ科
オオバコ科

オオイヌノフグリより小さな白い花が特徴

コゴメイヌノフグリ（小米犬の陰嚢）

✽3～4月　本州、四国、九州

南ヨーロッパ原産の越年草。全体に白くやわらかな毛がある。茎はよく分岐し、高さ10～30㎝。葉は茎の下部では対生、上部では互生する。葉縁《ようえん》は1～5中裂。オオイヌノフグリよりひとまわり小さく白い花をつけるので、この名がついた。花冠《かかん》は4裂し、基部のみやや黄色を帯びる。

花は径6～7㎜。果実は、イヌノフグリやオオイヌノフグリ同様、長毛がある。

植物こぼれ話

植物のおもしろい名前

植物の名前には、気をつけているとおもしろいものが多く見つかる。名前の由来は、その植物の姿かたちがあるものに似ているからだったり、生育場所を指していたり、あるいは植物の用途を示すものもある。ここではその一部を紹介しよう。

キジョラン（鬼女蘭）→タネにつく毛を鬼女の毛にたとえた。
ハキダメギク（掃き溜め菊）→掃き溜めに咲いているところから。
タコノアシ（蛸の足）→実のついている姿が蛸の吸盤のようだから。
ショウベンノキ（小便の木）→枝を切ると白い汁が出て、
それが小便のようだったから。
ゲンノショウコ（現の証拠）→すぐに薬効があるので。

ゴマノハグサ科
オオバコ科

ツタガラクサ（蔦唐草）の異名をもつ一年草

ツタバウンラン（蔦葉海蘭）

4〜9月　北海道、本州

大正時代、観賞用に渡来した、ヨーロッパ原産の蔓《つる》性の帰化植物。石垣や城壁などのすき間に生える。茎は地面を這い、長さ20〜40㎝。葉柄《ようへい》のわきから花茎を伸ばし、先端に紅紫色の唇形《しんけい》花をつける。上唇は2裂し先端が丸く、下唇は浅く3裂し、中央部が黄色く隆起している。果実は朔果《さくか》の球形。

葉は手のひら状に浅く5〜9裂する。果実は長い柄によって下に垂れ、熟すと裂ける。

ゴマノハグサ科
サギゴケ科

匍匐茎《ほふくけい》で地表をびっしり覆う多年草

サギゴケ（鷺苔）

4〜5月　本州、四国、九州

やや湿気のある田の畔《あぜ》などに生える多年草。根の際に葉が集まり、その間から匍匐茎《ほふくけい》を伸ばして新苗を作り繁殖する。葉は倒卵形または円形で小さく柄がない。花は淡紫色〜白色の唇形《しんけい》花。上唇は下唇より少し短く狭卵形で深く2裂し、下唇は3裂し中央が隆起して黄色となり、赤褐色の斑紋《はんもん》がある。

萼（がく）は鐘形で半ばまで5裂し、無毛か腺毛がまばらに生える。

マメ科

畔《あぜ》を覆いつくしてしまうほど旺盛な生活力をもつ

カラスノエンドウ（烏野豌豆）

3～6月

本州、四国、九州、沖縄

日当たりのよい道端や野原などに生える越年草。茎は長さ60～100㎝。葉のわきに紅紫色の蝶《ちょう》の形をしたかわいい花をつける。葉は先端がへこむ小葉3～8対からなる偶数羽状複葉《ふくよう》。複葉の先の巻きひげで他の植物に絡みつく。長さ3～5㎝の豆果《とうか》が真っ黒になるため、カラスの名がついた。

托葉にある花外蜜腺の蜜をなめにアリが群がる。

マメ科

カラスノエンドウより全体に小ぶりなエンドウ

スズメノエンドウ（雀野豌豆）

4～6月

本州、四国、九州、沖縄

カラスノエンドウと同じような場所にいっしょに自生する越年草。カラスノエンドウより花も実も小さいため、スズメの名がついた。茎は蔓《つる》性で、長さ30～60㎝になる。葉のわきから花柄《かへい》を伸ばし、長さ3～4㎜の淡紫色の蝶形《ちょうけい》花をつける。実は豆果《とうか》で長さ0・6～1㎝。1～2個の種子が入る。

葉は12～14枚の小葉よりなる。

マメ科

「カラス」と「スズメ」の中間的な大きさ

カスマグサ（かす間草）

✽4～5月　本州、四国、九州、沖縄

道端や草地などに生える越年草。カラスノエンドウやスズメノエンドウと生える場所も、形も似ているが、「カラス」と「スズメ」の中間の大きさなので、この名がついた。茎は細く無毛で、長さ30～60㎝。花は淡青紫色の蝶形《ちょうけい》花。葉は羽状複葉《ふくよう》で、複葉の先の巻きひげが他の植物に絡みつく。

スズメノエンドウより小葉は少ない。

マメ科

鮮やかなレモンイエローの花が目を引く多年草

ミヤコグサ（都草）

✽5～6月　北海道、本州、四国、九州、沖縄

道端や草地などに生える多年草。茎は地面を這って広がり、長さ20～40㎝になる。葉のわきから花柄《かへい》を出し、長さ1～1・5㎝の鮮やかな黄色の蝶形《ちょうけい》花をつける。葉は3出複葉《ふくよう》で柄があり互生する。小葉は倒卵形～楕円形。果実は長さ約3㎝の豆果《とうか》。京の都に多く生えていたことからこの名がついた。

花の形が烏帽子に似ているので、別名「エボシグサ」ともいう。茎や葉には毛がない。

マメ科

レンゲソウ（蓮華草）

この花で埋めつくされた田園は日本の春の風物詩

4～6月　本州、四国、九州

室町時代に中国から緑肥として渡来した越年草。茎は地を横に這って広がり、高さ10～30㎝。葉のわきから長い花柄《かへい》を伸ばし、先に紅紫色の蝶形花《ちょうけいか》を7～10個、輪状につける。葉は奇数羽状複葉《ふくよう》で、7～11個の楕円形の小葉からなる。果実は豆果《とうか》で熟すと黒色。

別名「ゲンゲ」ともいう。1個の花の長さは12～14㎜、旗弁（上部の弁）は竜骨弁（下部の弁）とほぼ同じ長さ。

マメ科

クスダマツメクサ（薬玉詰草）

花穂《かすい》がくす玉に似ていることから名がついた帰化植物

6～8月　本州、四国

海岸や市街地の空き地に生えるヨーロッパ原産の一年草。茎は直立または匍匐《ほふく》し、長さ5～30㎝。長くてやわらかい毛があるが、のちに無毛になるものもある。葉は3枚の小葉からなり倒卵形。半分から先端にかけて鋸歯《きょし》がある。小さな卵円形の鮮やかな黄色の花序をつける。果実は豆果《とうか》で楕円形。

茎中部の葉の柄が明らかで、小葉よりも短くなく、花は上向きなのが特徴。ビールの原料のホップに花序が似ていることから別名「ホップツメクサ」ともいう。

マメ科

米粒のように小さな花をつけるツメクサ

コメツブツメクサ（米粒詰草）

5～7月　北海道、本州、四国、九州、沖縄

ヨーロッパ原産の越年草。路傍や空き地でよく見かける。ヨーロッパ～西アジア原産の一年草。茎はよく分枝して、地を這い、高さ20～40㎝。長さ約3㎜の黄色い蝶形《ちょうけい》花が5～20個ほど球状につく。葉は長さ5～10㎝の倒卵形で、3小葉からなる。葉柄《ようへい》は短い。果実は長さ約2㎜の楕円形。

球状についた蝶形花。花が小さく米粒状のツメクサの意味からこの名がついた。

ナデシコ科

10弁に見える花はじつは5弁花

ハコベ（繁縷）

3～9月　北海道、本州、四国、九州

道端や田などに自生する越年草。高さ10～30㎝。茎は分枝し、緑色でやわらかな卵形の葉が対生する。枝先に径6～7㎜の白色の5弁花をつける。花弁が深くふたつに裂けるため10弁花に見える。春の七草のひとつで粥《かゆ》や汁に入れて食用とするほか、小鳥の餌にする。果実は朔果《さくか》で6つに裂ける。

ハコベは別名「コハコベ」という。雄しべは3～5個。茎は茶色を帯びるものが多い。

ナデシコ科

茎の片側に一列に並んで毛がある

ミドリハコベ（緑繁縷）

✽ 2～9月　北海道、本州、四国、九州

道端などに生える越年草。高さは10～30㎝。茎の片側に一列に並んで毛が生える。葉は対生し、卵形～卵円形で長さ1～2㎝。全縁《ぜんえん》で両面とも無毛。上部の葉は無柄《むへい》である。花は径6～7㎜で、白い5弁花。花弁は2深裂する。雄しべは5～10個で、花柱《かちゅう》が3本ある。果実は朔果《さくか》で6裂する。

ハコベより雄しべの数が多く5～10個。

ナデシコ科

ハコベを大型にした越年草

ウシハコベ（牛繁縷）

✽ 4～10月　北海道、本州、四国、九州

畑や道端などに生える越年草～多年草。茎は地を這い、先は斜上し長さ10～50㎝になる。葉のわきに白色の5弁花をつけるが、花弁は深く裂けて10個あるように見える。ハコベに比べて大型のため、それを牛にたとえてこの名がついた。雌しべの花柱《かちゅう》が5個に分かれているのも特徴のひとつ。

雌しべの花柱の数でハコベと区別できる。

ナデシコ科

コハコベに似ているヨーロッパ原産の帰化植物

イヌコハコベ（犬繁縷）

✱3～5月　本州

道端や田畑などに生えるヨーロッパ原産の一年草。日本で発見された当初は、コハコベの変種と思われたほど、コハコベに似ているが、花に花弁が欠けていて、日当たりのよい場所で生育したものには、萼《がく》片の基部に紫色の斑点があるのがイヌハコベの特徴。種子の直径は1㎜以下。

1978年、千葉県船橋市で発見された。コハコベの変種と思われたが、その後、別種であることが確認された。

万葉こぼれ話

春の野草の生命力を取り込む「七草粥」

春の七草とは、正月7日に食べる「七草粥」に入れる7種類の野草をいう。七草粥を食べる風習は日本では鎌倉時代からで、『河海抄《かかいしょう》』に「芹《せり》　なずな　御行《ごぎょう》　はくべら　仏座《ほとけのざ》　すずな　すずしろ」と歌に詠み込まれている。現代名に直すと、芹＝セリ、なづな＝ナズナ、御行＝ハハコグサ、はくべら＝ハコベ、仏座＝コオニタビラコ、すずな＝カブ、すずしろ＝ダイコンとなる。

七草粥を食べる風習のはじまりは、陰陽五行説から生まれた占い「易」にある。易では1月7日を「人日《じんじつ》」と呼び、この日、人間に災いが訪れるとされ、その災厄から逃れるためには粥を作って食べるのがよいとされた。この言い伝えから、人日に粥を食べると邪気を払い、無病息災が保証されるという信仰が生まれたのだ。まだ緑が乏しいこの季節に、青々とした野草の生命力を体に取り込むことで、健康を願った古人の思いがうかがえる儀式である。

葉の形をネズミの耳に見立てた

ナデシコ科

ミミナグサ（耳菜草）

5～6月　北海道、本州、四国、九州、沖縄

道端や畑などに生える越年草。根元から枝分かれし、茎は暗紫色。高さ15～25cm。茎と葉には毛がある。葉は卵形で、ネズミの耳に見立ててこの名がついた。花は枝先に白色の5弁花をまばらにつける。花弁の先端は2裂。果実は円柱形の蒴果《さくか》。オランダミミナグサに駆逐され、最近はあまり見ない。

花弁の先は2裂する。茎は暗紫色を帯びる。

全体に毛が生えているヨーロッパ原産のミミナグサ

ナデシコ科

オランダミミナグサ（和蘭耳菜草）

4～5月　北海道、本州、四国、九州、沖縄

日当たりのよい道端や田畑などに自生する越年草。明治時代末にヨーロッパから渡来した。現在では世界中に広がっている。全体に灰色がかった黄色の開出毛を密生し、茎は数本が群がって伸びる。高さ10～60cm。茎の先端に集散花序をつける。花は白い5弁花。花弁の先端が2裂する。葉は楕円形。

ミミナグサと異なり、茎の色は緑色をしている。下部の小花柄は萼(がく)片より短いか同長。ミミナグサは長い。果実は円柱形の朔果(さくか)。

ナデシコ科

葉を鳥の爪に見立てたことに由来する名

ツメクサ（爪草）

3～7月　北海道、本州、四国、九州、沖縄

各地の道端に生える一年草または越年草。地に伏せた状態で生える。葉のわきから長い柄を出し、径約4㎜の白い5弁花をつける。葉は対生し、鳥の爪のように線形で細いことから、この名がついた。果実は卵形の朔果《さくか》で、熟すと5裂する。種子は黒く、表面には小突起がある。

雄しべは5本で、先端が5裂した雌しべが1本ある。

ナデシコ科

小さな葉を蚤《のみ》が着るような粗末な衣に見立てた

ノミノツヅリ（蚤の綴り）

3～6月　北海道、本州、四国、九州、沖縄

道端や畑などの乾燥したところに生える一年草～越年草。「蚤の綴り」とは、綴りあせた粗末な衣の意。小さな葉をそれにたとえて名づけられた。全体に細毛があり、茎は分枝し、下部は伏す。葉は広卵形～狭卵形で対生してつく。果実は先が6裂する朔果《さくか》。

花は葉のわきから花柄を出し、白色の5弁花をつける。花弁は裂けない。

ナデシコ科

小さな葉を蚤《のみ》の夜具にたとえた

ノミノフスマ（蚤の衾）

4〜10月　北海道、本州、四国、九州、沖縄

荒れ地や田畑に生える一年草〜越年草。和名は、小さな葉を蚤《のみ》の夜具（衾《ふすま》）にたとえて名づけられた。花弁は約5㎜。花弁が萼《がく》片より長い。全体に無毛で、茎は分枝して地を這い広がる。茎先に集散花序を出し、白色の5弁花をつける。雄しべは5〜7個。花柱《かちゅう》は3個。

5弁の花弁は2つに深裂。10個のように見える。花弁は萼片(がくへん)より長い。

ムラサキ科

若い茎や葉を揉《も》むとキュウリの臭いがする越年草

キュウリグサ（胡瓜草）

3〜5月　北海道、本州、四国、九州、沖縄

道端や畑に自生する越年草。葉を揉むとキュウリの臭いがするため、この名がついた。茎は高さ15〜30㎝。先が巻く花序を出し、径約2㎜の小さな淡いスカイブルーの花を次々と咲かせる。開花が進むにつれて、花序はまっすぐになる。下部の葉は卵円形で葉柄《ようへい》があり、上部の葉は細卵円形で無柄。

果実は先の尖る4分果からなる。花冠ののどもとの鱗片(りんぺん)は黄色。

ムラサキ科

ハナイバナ（葉内花）

キュウリグサと似ているが、花ののどもとが白い一年草

✻ 3～12月　北海道、本州、四国、九州、沖縄

草丈10～20cmほどの一年草。春から初冬まで咲く花は、径2～3mmの淡青紫色の5弁花でキュウリグサの花ののどもとが黄色であるのに対して、これは白色。花の下部は短い筒となり、その中に雄しべと雌しべが隠れるようにつく。葉は小さく径約2cmの楕円形。

花は葉の内側に花序を出して咲く。

キク科

コオニタビラコ（小鬼田平子）

茎と葉を食用にする春の七草のひとつ

✻ 3～5月　本州、四国、九州

日当たりのよい田んぼなどに生える越年草。ふつうホトケノザといわれているのは紅紫色の花を咲かせるシソ科の植物だが、春の七草のひとつの「ほとけのざ」は、この植物のこと。葉と茎を食べる。茎は地面を這って斜めに多数伸び、枝先に径約1cmの黄色い頭花《とうか》をつける。果実は痩果《そうか》で黄褐色。

根生葉は頭大羽状に深裂し、茎葉は小さく互生する。根生葉を地面に広げた姿が「仏の座」に似ている。単にタビラコともいう。

キク科

コオニタビラコより大きいのが特徴

オニタビラコ（鬼田平子）

4～6月　北海道、本州、四国、九州、沖縄

道端や空き地、公園、山地の道路わきなどに生える一年～越年草。やわらかく細い毛が全体にある。茎の高さは20～100cmになり、茎の頂に径7～8㎜の黄色い頭花《とうか》を多数咲かせる。根生《こんせい》葉は羽状深裂し、披針《ひしん》形。茎葉《けいよう》は小さい。果実は痩果《そうか》で、冠毛《かんもう》は白色。

暖地では一年中咲く。頭花は散房状につける。

キク科

全体に軟毛が生えているタビラコ

ヤブタビラコ（藪田平子）

5～7月　北海道、本州、四国、九州

林縁《りんえん》などに生える越年草。コオニタビラコに似ているが、全体にやわらかで、やや軟毛がある。コオニタビラコははじめ軟毛があるが、のちに無毛となる。茎は斜めに立ち上がり、高さ20～50cm。枝先に径約8㎜の黄色い頭花をつける。葉は羽状に分裂して叢生《そうせい》。果実は痩果《そうか》で冠毛《かんもう》がない。

花後、下柄（かへい）が曲がって下を向く。

【創作課題の例】

逢ひ見ての後の心にくらぶれば昔は物を思はざりけり
権中納言敦忠（藤原敦忠）

【通釈】愛情を交わした後の思慕の情の切実さを比較してみれば、逢瀬以前の心情は、物思いとは言えないほど、取るに足らないものであった。

◆課題
敦忠の詩情を、現代のあなたが変奏しましょう。「逢ひ見ての」を初句に置いて短歌を詠みましょう。

【生徒作品】
逢ひ見ての後の心をひきずって秋の河原で石投げている［隆さん］
逢ひ見ての後の心に君居ればすぐに取り出す携帯電話［和子さん］
逢ひ見ての後の心にくらぶれば昔は影を追いかけていた［洋子さん］
逢ひ見ての後の心のふしぎさよふつうのバラがバラを主張す［茂さん］

【読者の声】
◇昔読んだなつかしい短歌や詩、また知らなかった俳句にも恋を詠んだものがあるのかと新たな発見でした。私も近藤先生の生徒になりたい！　と思った一冊でした。（50代・女性）
◇何歳になっても恋心は瑞々しく生きる喜びを与えてくれます。遠くなった初恋、そして中年になっての恋、そして76歳になっての恋もいつでも恋心は色あせることはありません。それぞれの恋歌が心にしみます。そして若い時と又違った心を教えてくれます。私も君への想いを歌にのせたいと思います。心から。（76歳・女性）
◇感銘を受けました。人は恋し、あこがれ、悩みます。その真情を紹介した近藤先生の「深読み」が、作家たちの心を伝え、一層感動しました。（80歳・男性）

キク科

ジシバリ（地縛り）

茎が地面に広がる姿から地縛りの名がついた多年草

✽4～7月　北海道、本州、四国、九州、沖縄

日当たりのよい田んぼや山野、道端などに生える多年草。地面を縛るように走出枝《そうしゅつし》を伸ばして広がる姿が、「地縛り」の名の由来である。花茎は高さ5～15㎝。別名「イワニガナ（岩苦菜）」ともいう。葉は長さ1～3㎝の卵形～楕円形で、長い柄がある。果実は痩果《そうか》で、白色の冠毛《かんもう》をもつ。

別名「イワニガナ」の由来は、石垣や岩のごろごろしたところでも見かけるから。頭花は、径2～2・5㎝で舌状花の花冠の先には5つの歯がある。

キク科

オオジシバリ（大地縛り）

ジシバリ同様、地面を匍匐《ほふく》する

✽4～6月　北海道、本州、四国、九州、沖縄

ジシバリによく似ているが、全体に大型のため、この名がついた。田や畔《あぜ》、河原など湿気のある場所に多く生える。ジシバリ同様、走出枝《そうしゅつし》を地表に伸ばして繁殖する。葉は細長いへら形のものが多いが、下部が羽状に切れ込むものもある。花は黄色の舌状花からなる径約2・5～3㎝の頭花が咲く。

葉はへら形で長い柄がある。

キク科

茎や葉から苦い乳液を出す多年草

ニガナ（苦菜）

✻5～7月　北海道、本州、四国、九州

日当たりのよい山野の草原などによく見られる多年草。花茎は高さ10～50㎝ほどになり、枝先に径約1・5㎝の黄色い頭花《とうか》をつける。茎や葉を切ると、白い乳液が出て、この汁が苦いので「苦菜」の名がついた。果実は紡錘《ぼうすい》形の痩果《そうか》で、やや褐色を帯びた冠毛《かんもう》がある。

舌状花はふつう5～7個ある。

キク科

葉の形がケシに似ているニガナの一種

ノゲシ（野罌粟）

✻5～8月　北海道、本州、四国、九州、沖縄

畑のふちや道端などに生えるヨーロッパ原産の越年草で、ハルノノゲシともいう。茎は中空で高さ50～100㎝。枝先に径約2㎝の黄色い頭花《とうか》をつける。葉は不規則に羽状に裂け、ふちには鋸歯《きょし》がある。やわらかな葉質で、基部は張り出して茎を抱く。果実は狭倒卵形で、白い冠毛《かんもう》をもつ。

葉の基部の裂片の先は尖る。

キク科

荒々しい葉の鋸歯《きょし》から「鬼」の名がついた

オニノゲシ（鬼野芥子）

5〜10月

北海道、本州、四国、九州、沖縄

ノゲシと同じような場所に生え、姿もよく似ているが、葉の鋸歯《きょし》が刺《とげ》になっていて、触ると痛く、緑が濃い。その荒々しさから「鬼野芥子」の名がついた。茎は高さ40〜100㎝になり中空。茎先や枝先に径約2㎝の黄色の頭花《とうか》をつける。明治時代にヨーロッパから渡来した。

葉の基部の裂片の先は円形。

キク科

小さな黄色い頭花《とうか》が密集して咲く、春の七草のひとつ

ハハコグサ（母子草）

4〜6月

北海道、本州、四国、九州、沖縄

畑や空き地などに自生する多年草。春の七草のひとつで、「おぎょう」または「ごぎょう」とはこの草のこと。全体を白い綿毛が覆い、茎は高さ15〜20㎝。枝先に黄色い頭花《とうか》を多数つける。茎はへら形〜倒披針《とうひしん》形で、基部は茎に流れる。根《こん》生《せい》葉は花期にはない。果実は痩果《そうか》で、冠毛《かんもう》がある。

花は密集した頭花。全体に綿毛が多い。

キク科

ハハコグサに対して名づけられた多年草

チチコグサ（父子草）

5〜10月　北海道、本州、四国、九州、沖縄

山野の道端や土手、芝生の中などに生える多年草。茎は細く白い綿毛が密に生えているが、葉の表には少ない。高さ10〜30㎝。茎の頂に茶褐色の頭花《とうか》を密につけ、花序の下に苞葉《ほうよう》がつく。根生《こんせい》葉は長さ2・5〜10㎝の線状披針《ひしん》形で、茎葉《けいよう》は線形。果実は白色の冠毛《かんもう》をもつ痩果《そうか》。

全体に白い綿毛で覆われ、頭に茶褐色の頭花をつける。中国では「天青地白」といわれている。

キク科

葉の裏側が真っ白な毛で密に覆われた帰化植物

ウラジロチチコグサ（裏白父子草）

5〜9月　本州、四国、九州

昭和時代に渡来して以来、急速に増えている南アメリカ原産の多年草。名前の通り、葉の裏が白い毛で密に覆われていて白色が目立つ。葉の表は濃い緑色で、つやがある。花は径4㎜ほどの頭花《とうか》で集まって咲く。総苞片《そうほうへん》は黄緑色。果実は痩《そう》果《か》で長さ約0・5㎜の長楕円形。

葉の表面は濃い緑色で、毛が少ない。裏面の白色が目立つ。

キク科

世界の暖帯から熱帯に広く帰化する一年草〜越年草

チチコグサモドキ（父子草もどき）

5〜9月　本州、四国、九州

茎も葉も綿毛に覆われた、北アメリカ原産の一年草〜越年草。道端や荒地などに生える。高さは約10〜30㎝。根生葉《こんせいよう》と茎葉《けいよう》はともにへら形。果実は楕円形の痩果《そうか》で、複数の冠毛《かんもう》が基部で合着して環状になる。属名「gnaphalion」はギリシア語でフェルトの意味。全体を包む綿毛からついた。

花序は上部の葉腋（ようえき）にかたまってつく。花は頭花で淡褐色。ハハコグサ、チチコグサも同属。

キク科

中央アメリカ原産の、ヨメナに似た帰化植物

ペラペラヨメナ（ぺらぺら嫁菜）

5〜11月　本州、四国、九州

石垣のすき間や川沿いの崖などに生える多年草。中央アメリカ原産。草丈は20〜40㎝で、根と茎の基部は木化する。葉が薄くてぺらぺらしてヨメナに似ていることからこの名がついた。枝先に頭状花をつける。周囲を囲む舌状花《ぜつじょう》は線状で、白色でのちに赤色を帯びる。中心の筒状花《とうじょう》は黄色で多数ある。

花が終わる頃に赤色を帯びる。

白い球状の熟した果実がボロクズに似ている

キク科

ノボロギク（野襤褸菊）

5〜8月　北海道、本州、四国、九州、沖縄

明治初期に渡来したヨーロッパ原産の一年草〜越年草。現在は世界中に帰化している世界種のひとつ。道端や空き地、畑などでよく見かける。茎は赤紫色を帯び、高さ約30㎝。葉のわきから花柄《かへい》を出し、黄色の頭花《とうか》をつける。葉は不ぞろいに羽状に裂け、互生する。果実は脈のある痩果《そうか》。冠毛《かんもう》をもつ。

花は筒状花からなり、総苞（そうほう）の基部には先端が黒くなる小さな小苞がある。

植物こぼれ話

年々増えている帰化植物

日本には5000種ほどの植物が分布する。それに対して帰化植物は1960年には670種くらいだったのが、現在では1200種ほどもあるとされる。帰化植物とは、人間の活動によって国境を越えて外国から日本に持ち込まれ、日本で野生化し、世代を重ねた植物をいう。

そのなかには、有史以前に渡来したイヌタデやカナムグラなどの史前帰化植物と、江戸末期以降に渡来したセイタカアワダチソウやハルジオンなどの新帰化植物とがある。また、栽培していたものが外へ出て野生化したものを逸出帰化植物、まったく気がつかずに侵入したものを自然帰化植物という。

現在は、オオキンケイギクとかアレチウリ、ボタンウキクサなどが外来生物法の特定外来生物としてあげられ、栽培することが禁止されており、在来植物への影響が心配されている。

シロツメクサも帰化植物

キク科

若い葉はサラダでも食べられる

セイヨウタンポポ（西洋蒲公英）

4～6月、9月～11月　北海道、本州、四国、九州、沖縄

都市に多く見られるタンポポ。ヨーロッパ原産。花茎は10～30㎝で、先に径3・5～5㎝の黄色の頭花をつけ、総苞外《そうほうがい》片《へん》が反り返っているのが特徴。葉は羽状に深く切れ込む狭楕円形。単為生殖をする。果実は痩果《そうか》で、灰褐色。冠毛《かんもう》をもつ。日本在来のタンポポとの間で雑種を盛んに作る。

この総苞外片の反り返りがセイヨウタンポポの特徴（写真右）。根は健胃、利尿作用がある。

キク科

関東とその周辺に分布するタンポポ

カントウタンポポ（関東蒲公英）

3～5月　本州

日本在来のタンポポ。野原や道端に生える多年草。花茎は高さ10～30㎝、先端に径3・5～4・5㎝の黄色の頭花《とうか》をつける。総苞《そうほう》片は直立し、外片の長さは内片の約1／2。総苞片の上部に角状突起がある。葉は羽状に深く裂ける倒披針《とうひしん》形。果実は痩果《そうか》で褐色。冠毛《かんもう》をもつ。葉や根は食用となる。

総苞外片が反り返らないのが在来種の特徴。

キク科

西日本で多く見られる日本在来のタンポポ

シロバナタンポポ（白花蒲公英）

✽4〜6月　本州、四国、九州

西日本に多い白い花のタンポポ。花茎は高さ10〜40cm。先に径3・5〜4・5cmの頭花《とうか》をつける。花の中心は黄色を帯びて、総苞《そうほう》片はやや反り返る。葉は羽状に裂ける披針《ひしん》形で、地面に広がらずに、やや立つものが多い。果実は褐色の痩果《そうか》で、冠毛《かんもう》をもつ。単為生殖で繁殖する。

九州や四国では、タンポポといえばこの白い花を思い浮かべる。

キク科

アザミの名はつくが別種で、一属一種の越年草

キツネアザミ（狐薊）

✽5〜7月　本州、四国、九州、沖縄

田んぼや道端など、人間の手が加えられている場所に多く見られる越年草。茎は直立し、高さ60〜80cmになり、茎の上部で枝を分けて、径約2・5cmの紅紫色の頭花《とうか》をつける。根《こん》生《せい》葉と茎葉《けいよう》は羽状に深裂する。果実は痩果《そうか》で、稜《りょう》があり、羽状の冠毛《かんもう》がある。

よく分枝する。葉の裏面は羽毛状の毛があり、白く、やわらかく、刺（とげ）はない。花は上向きに咲く。

キク科

ヒレアザミ（鰭薊）

茎にひれがあるのが特徴の越年草

5～7月　本州、四国、九州

道端や野原、河原などに生える越年草。高さ70～120㎝で、茎に歯牙《しが》のある幅広い翼《よく》をもち、刺《とげ》がある。枝先に紅紫色の径2～2・5㎝の頭花をつける。葉は不規則に羽状に裂け、ふちには刺が多数ある。果実は長楕円形の痩果《そうか》で、冠毛《かんもう》をもつ。アザミに似ているが、ヒレアザミ属。

茎は刺をもった翼がある。

キク科

タガラシ（田辛し）

田を枯らすほど繁茂するという「田枯らし」説もある

4～5月　北海道、本州、四国、九州、沖縄

春の田んぼで、水気がある場所には必ずといっていいほど顔を出す越年草。田に生え、辛みがあるところから名がついたとする説があるが、有毒植物で食べられない。茎は40～60㎝で、枝を分け、先に径8～10㎜の光沢のある黄色い5弁花をつける。葉は掌状《しょうじょう》に3裂し、裂片はさらに細裂。

楕円形の痩果（そうか）が集まった集合果。

バラ科

田んぼの畦道《あぜみち》で見かける、赤い実が目印の多年草

ヘビイチゴ（蛇苺）

4～5月　北海道、本州、四国、九州、沖縄

日当たりのいい田んぼの畔《あぜ》などに生える多年草。走出枝《そうしゅつし》を伸ばして地面を這い、節から根を出して増える。茎は長軟毛があり、葉の付け根から花柄《かへい》を出し、径約1・5cmの黄色い5弁の花をつける。葉は3出葉で、小葉は楕円形。果実は径約1・5cmの粒状の痩果《そうか》で、光沢のない紅色をしている。

果実は海綿質で、水気も甘みもない。

バラ科

ヘビイチゴに似て、日があまり当たらない藪《やぶ》に生える

ヤブヘビイチゴ（藪蛇苺）

4～6月　本州、四国、九州、沖縄

山野の林や藪《やぶ》などの日陰に多く生える多年草。全体に絹毛があり、茎は地面を這って伸びる。葉の付け根から花柄《かへい》を出し、径約2cmの黄色い5弁花をつける。葉は3出複葉《ふくよう》で互生し、小葉は卵形で鋸歯《きょし》がある。果実は粒状の痩果《そうか》で、ヘビイチゴとよく似ているが、光沢があるのが特徴。

光沢のある果実。葉はヘビイチゴが黄緑色をしているのに対して、やや濃い緑色をしている。

バラ科

オヘビイチゴ（雄蛇苺）

根生《こんせい》葉が5小葉の、キジムロ属の多年草

5〜6月 本州、四国、九州

田んぼの畦道《あぜみち》に生える多年草。ヘビイチゴより大型のため、「雄」の名がついているが、ヘビイチゴ属ではなく、キジムシロ属のひとつ。全体に伏毛があり、地面を這い、斜上して伸びる。花茎上部に径約8㎜の黄色い5弁花をつける。果実は褐色の痩果《そうか》で、イチゴ状ではない。

花弁は5個、萼(がく)片は二重に並ぶ。

バラ科

キジムシロ（雉蓆）

葉が地面に同心円状に広がる姿をキジの座る蓆《むしろ》に見立てた

4〜5月 北海道、本州、四国、九州

春の草原で地面にぴったり張りつくようにして黄色の花を咲かせる多年草。全体に粗い毛があり、根元から茎が四方に広がる。花茎の先に径1〜1・5㎝の黄色い5弁の花をつける。根生《こんせい》葉は5〜9個の卵形〜円形の小葉からなる奇数羽状複葉《ふくよう》。果実は卵形の痩果《そうか》。

花はヘビイチゴに似るが、花茎の先にやや多数の花をつける。果実は赤いイチゴにはならない。

バラ科

ツチグリに似た、3小葉から名がついた多年草

ミツバツチグリ（三葉土栗）

4～5月　本州、四国、九州

農道のわきや丘陵地などに生える多年草。花茎は高さ15～30㎝になり、黄色い5弁花を集散状につける。キジムシロと似ているが、葉は3小葉。楕円形で鈍い鋸歯《きょし》がある。花後、四方に走出枝《そうしゅつし》を伸ばして増える。果実は表面にしわのある痩果《そうか》。食用になるツチグリに似ているが食べられない。

この3小葉がキジムシロと区別するポイント。

キク科

茎の中が空洞で、春から夏にかけて咲く

ハルジオン（春紫苑）

4～8月　北海道、本州、四国、九州

大正期に渡来した北アメリカ原産の多年草。高さ30～50㎝になり、上部の枝先に白色から淡紅色の頭花をつける。つぼみのときは垂れ下がっていて、茎の中は空洞なのが特徴のひとつ。根生葉《こんせい》はへら形で、翼《よく》のある柄をもつ。果実は扁平な痩果《そうか》。若い葉はゆでて食べられる。

舌状花は糸状で多数あり、筒状花も多数ある。

カタバミ科

催眠運動する葉が特徴的。酸味のある葉と茎をもつ多年草

カタバミ（傍食）

5～8月

北海道、本州、四国、九州

道端や庭などに生える多年草。茎は分枝しながら地面を這って斜上し、長さ10～30㎝。花柄《かへい》の先に径8㎜ほどの黄色い5弁花をつける。葉は3個の小葉からなる複葉《ふくよう》で、倒心形。長い柄があり、昼間は開き、夜は閉じる。果実は円柱形の朔《さく》果《か》。熟すと種子を20～50㎝、弾き飛ばす。

熟した実に触れると粘着質の液とともに種が飛び出し、服などに貼りつく。

カタバミ科

江戸時代に観賞用として渡来した帰化植物

ムラサキカタバミ（紫傍食）

5～7月

本州、四国、九州、沖縄

江戸時代に渡来した、南アメリカ原産の多年草。観賞用として輸入したものが野生化した。葉の間から花茎を伸ばし、高さ5～15㎝になる。先に径1・5㎝ほどの紅紫色の5弁花を数個つける。葉は根生し3小葉。長さ約1㎝、幅約2㎝の心形で、裏面のふちに淡黄色の小さな斑点がある。

花の中心部は淡緑色をしている。葯（やく）は白色で、花粉はない。地下に鱗茎（りんけい）をつけて仲間を増やす。

群生し、千のカヤの意からチガヤと名前がついたといわれている。

イネ科

チガヤ（茅）

白い綿毛状の穂が風情ある景色を生み出す

4～6月

北海道、本州、四国、九州、沖縄

万葉名

茅《ち》・茅花《つばな》・茅花《ちばな》・茅萱《ちがや》

印南野《いなみの》の　浅茅《あさぢ》押《お》し並《な》べ　さ寝《ぬ》る夜《よ》の
日長《けなが》くあれば　家《いへ》し偲《しの》はゆ

山部赤人《やまべのあかひと》（巻六―九四〇）

歌意

印南野（加古川・赤石一帯）一面に生える丈の低いチガヤを押し伏せて寝る夜が幾日も続くので、故郷の家のことがしきりに思われてなりません。

河原や田畑、土手など日当りのよい所に群生する多年草。茎は高さ30～80㎝になる。茎の先に長さ10～20㎝の円柱状の花序を出す。赤紫色の葯《やく》と柱頭《ちゅうとう》は、春先によく目立つ。若い花穂《かすい》は「ツバナ」と呼ばれ、噛むとかすかに甘い。葉は長さ20～50㎝の線形で、硬くふちがざらつく。

花後、白い綿毛状の穂が風に揺れる様子は風情があり、万葉以後も多くの歌や俳句に詠み込まれている。紹介した歌は、神亀3（728）年10月10日から一週間ほど明石に滞在した聖武天皇に随行した、赤人が詠んだもの。辺り一面を覆うチガヤの様がよく描かれている。

イネ科

水辺に群生する多年草

クサヨシ（草葦）

5～6月　北海道、本州、四国、九州

耕作地の小川や大河川の流れの緩やかな場所に叢生《そうせい》する多年草。茎は高さ1・5mを超えるものもある。白緑色の小穂を密につける。花序の長さは5～10cm。円錐《えんすい》形だが側枝は広がらず、1本の束になる。花期には枝がやや広がるが、果期には元に戻る。葉は広線形で、葉舌《ようぜつ》は白色で薄く切形。

花序の枝が開いた状態。

イネ科

イネとともに北東アジアから渡来した史前帰化植物

スズメノテッポウ（雀の鉄砲）

4～6月　北海道、本州、四国、九州

水田や湿った場所に生える一年草～越年草。茎は根元で曲がって直立し、高さ20～40cm。先に長さ4～6cmの円柱状の花序を出す。葯《やく》は初め淡黄色をしているが、花粉を放出したあとは黄褐色になる。葉は長さ5～15cmの線形。ふちには細かな鋸歯《きょし》がある。草笛にして遊ぶことができる。

花穂をスズメが使うほどに小さな鉄砲に見立てて、この名がついた。

イネ科

オオムギを小型にしたようなユーラシア原産の帰化植物

ムギクサ（麦草）

5～7月　北海道、本州、四国、九州、沖縄

ユーラシア大陸原産の一年草。路傍や草地などに生える。茎は高さ10～50㎝。先に長さ5～9㎝の花序を出し、小穂《しょうすい》は3個ずつ集まってつき、中央の小穂だけ結実する。葉は線状披針《ひしん》形で、基部は葉鞘《ようしょう》となる。オオムギに似て、背の低い姿からこの名がついた。

世界各地に帰化している。

キキョウ科

キキョウに似たごく小さな花を咲かせる帰化植物

キキョウソウ（桔梗草）

6～7月　本州、四国、九州

明治時代の中頃渡来した、北アメリカ原産の帰化植物。一年草で、道路の植え込みや田の畔《あぜ》で見かける。茎は細く、高さ30～80㎝になり、上部の葉のわきに鮮やかな紫色の花を咲かせる。花冠《かかん》は5裂。果実は熟すと横に3個の穴が開いて、そこから種子を出す。葉は互生し、鋸歯《きょし》のある円形～卵形。

互生した葉の部分に無柄の花をつけるので、「ダンダンキキョウ」（段々桔梗）ともいう。写真左は穴が開き、種子がこぼれ出た瞬間。

キキョウ科

青紫色のキキョウに似た花が上向きに咲く多年草

ヒナギキョウ（雛桔梗）

✽5〜6月　本州、四国、九州、沖縄

日当たりのよい道端や土手などに生える多年草。細い茎が群がって出て、高さ20〜40㎝になる。まばらに分けた枝先に青紫色の花をつける。小型のキキョウの花の意味からこの名がついた。花冠の先は5裂。葉は互生し、へら形〜倒《とう》披《ひ》針《しん》形。ふちは白く、鈍い波状となる。果実は長さ6〜8㎜の朔《さく》果《か》。

花冠は漏斗状鐘形（ろうとじょうしょうけい）で、先は5裂する。

ベンケイソウ科

明るい黄色の花が群がって咲く、原産地不明の帰化植物

メキシコマンネングサ（メキシコ万年草）

✽4〜5月　本州、四国、九州

空き地や道端などに生える帰化植物。原産地は不明。名はメキシコで栽培されていたものから発生したことに由来する。高さ10〜15㎝で、花茎の先に枝分かれして傘のような花序をつける。各枝には、径0・7〜1㎝の濃い黄色の5弁花が7〜8個連なって咲く。葉は光沢のある線状楕円形で円柱状。

円柱状の葉は、花のない茎では3〜5輪生し、茎の一部では対生する。

ベンケイソウ科

葉の付け根の芽が地面に落ちて繁殖する越年草

コモチマンネングサ（子持万年草）

✻ 5〜6月　本州、四国、九州、沖縄

道端や田の畔《あぜ》に生える越年草。茎は地を這い、直立または斜上して、高さ7〜20cmになる。茎の先に集散花序を出し、径0・8〜1cmの黄色い5弁花を並べてつける。「子持ち」の名の通り、葉の付け根に小さな芽ができ、触るとぼろぼろと落ちて、それが発芽して仲間を増やす。

星のような形をしたレモンイエロー色の5弁花。葉腋に小さな芽をつける。

ベンケイソウ科

蔓《つる》を出して盛んに繁殖する多年草

ツルマンネングサ（蔓万年草）

✻ 5〜6月　北海道、本州、四国、九州

道端に多いマンネングサの仲間。草丈は10〜15cm。赤褐色の茎に、黄緑色の先が尖った肉厚の葉が3枚ずつ輪生する。花は黄色の5弁花で、径約1・5cm。開花初期には雄しべの葯《やく》は橙赤色をしている。花は結実せず、名前の通り地面を這う茎から発根し、繁殖する。

花は5数性で星形をし、平たく開く。

オミナエシ科

サラダ用に栽培もされているヨーロッパ原産の帰化植物

ノヂシャ（野萵苣）

4～5月　本州、四国、九州

ヨーロッパ原産の一年草～越年草。道端や土手などに生える。細長い茎が二股に何度か分枝して、高さ10～30㎝。枝先に径約2㎜の淡青色の花をたくさんつける。花冠《かかん》の先は5裂。葉は長さ2～4㎝の長楕円形～長倒卵形で、ふちは波状している。果実はやや扁平。サラダ用に栽培もされている。

野生のチシャの意味から、この名がついた。白色から淡紫色の筒形の花を10～20個つける。

万葉こぼれ話

万葉植物ベスト10

『万葉集』には160種類以上の植物が登場するが、ここでは出現頻度が高い植物ランキングを紹介しよう。いずれも万葉の時代の人びとが身近に感じていた植物といえる。

登場頻度1位のハギ（ヤマハギ）

1位　ハギ（141首）
2位　ウメ（119首）
3位　マツ（77首）
4位　タチバナ（70首）
5位　アシ（51首）
6位　スゲ（49首）
7位　サクラ（44首）
8位　ヤナギ（36首）
9位　ススキ（34首）
10位　フジ・ナデシコ（26首）

＊木下武司氏による（『万葉植物文化誌』ほか）

クロウモドキ科

ナツメ（棗）

果実が食用・薬用として重宝された落葉小高木

✽4～5月　栽培品

万葉名

棗《なつめ》

玉箒《たまばはき》　刈《か》り来《こ》鎌麻呂《かままろ》　むろの木《き》と
棗《なつめ》が本《もと》と　かき掃《は》かむため

長意吉麻呂《ながのおきまろ》（巻十六―三八三〇）

歌意

高野箒を早く鎌で刈って持って来い。ムロの木とナツメの木のもとを掃除するために。

ナツメは中国北部原産の落葉小高木。高さ10mぐらいになる。葉は互生して楕円形。光沢がある。花は枝先につき、淡緑色。径5㎜ぐらいの5弁花。果実は秋に熟し、暗紅色で食用となる。中国では五果（モモ、クリ、スモモ、アンズ、ナツメ）のひとつで、利尿、強壮剤に使用。種子は不眠症に効果があるといわれている。材は褐色で重く、緻密な加工ができるため、彫刻や馬の鞍《くら》などに使われていた。根のあちこちから不定芽を出す。

紹介した歌では、鎌を擬人化しており、ナツメの漢字「棗」は音が「ソウ」で「早」に通じ、早いという意味を込めている。

果実は核果。葉は互生して楕円形をしている。小枝を多く生じ、秋に葉とともに落下する。長枝には2個の托葉から変わった刺がある。

一重咲き、八重咲き、しだれ、青軸、野梅など多彩な花があり、品種は300種をゆうに超える。当初、梅の実は煤でいぶし、黒く仕上げた烏梅として珍重されていた。

バラ科

ウメ（梅）

万葉初期に中国から渡来し珍重された

2〜3月

北海道、本州、四国、九州

万葉名

烏《う》梅《め》・梅《うめ》・宇《う》米《め》
冴《う》米《め》・宇《う》梅《め》
有《う》梅《め》・干《う》梅《め》

春《はる》の野《の》に　霧《きり》立《た》ち渡《わた》り　降《ふ》る雪《ゆき》と
人《ひと》の見《み》るまで　梅《うめ》の花《はな》散《ち》る

田氏真上《でんじのまかみ》（巻五―八三九）

歌意

春の野に一面に霧が立ち込め、そのなかに降る雪かと思うほどに白いウメの花が散っています。

万葉時代前期頃に中国から渡来した落葉高木。元来、薬用植物として使われたため寺に多くあるが、山野にも野生化したものが各地にある。多くの品種があり、早春に咲く花は、春の息吹を感じさせてくれる。果実は6月頃に熟し、梅干、梅酒などがつくられる。材は硬く緻密であるところから、拍子木、篆刻《てんこく》用の印材、櫛《くし》などに使われている。材のおもしろさから欄間《らんま》、床柱などに用いられてもいる。

渡来したばかりの万葉時代は香りのよい花として珍重され、人気が高かったのであろう。万葉集には、ハギについで二番目に多く歌に詠まれている。

ウメの花の見分け方

『万葉集』にはウメの歌が119首もあり、ハギに次いで多く、古くから親しまれてきた植物だということはウメの項でも述べたが、『万葉集』で詠まれているウメの花は白色だったようだ。

紅色の花のウメが資料に現れるのは、『万葉集』から100年以上経った、『続日本後紀』の承和15（848）年の記事になる。

紅梅というと、一般に紅色の花をつけるウメのことだと思っている人が多いだろうが、園芸上では木質部の赤いものを紅梅という。

たとえば、白い花であっても枝の切断面が赤ければ紅梅なのである。逆に、赤い花をつけていても枝の切断面が白ければ白梅となる。

ウメの品種を園芸上では大きく4つに分類していて、そのグループを「性《しょう》」という。

「野梅《やばい》性」は原種に近い品種で、枝の心材は白色、花の色は白や紅があり、花の形も一重や八重咲があって、香りがよい。また、「紅梅性」は心材が赤く、紅色の花のものが多いが、白花もある。さらに「豊後《ぶんご》性」はアンズとの雑種性が強く、枝が太く、ふつう若い枝と葉柄が赤みを帯びる。花の香りがなく、萼《がく》が赤い。そして「杏《あんず》性」は枝が細く灰色をしていて、花の香りがあまりなく、もっとも遅咲きである。

このようにウメの花にはさまざまな品種があり、一見しただけでは紅梅か白梅かもわからない。花が咲いた美しい景色を観るだけでも楽しいが、ウメの木を1本1本、こうして品種を推察しながら観賞するというのも一興。観梅の楽しみがより増す。

野梅性の品種「てっけん」

紅梅性の品種「鹿児島紅」

豊後性の品種「藤牡丹」

花は枝ごとに密生してつく。実は球形の核果。最初は緑色をしているが、熟すと赤紫色や黄色になり、果肉も黄色や赤に着色する。

バラ科

スモモ（李）

春の訪れを告げる、白い花を咲かせる果樹

4月

栽培品

万葉名

李《すもも》

わが園《その》の　李《すもも》の花《はな》か　庭《には》に散《ち》る　はだれのいまだ　残《のこ》りたるかも

大伴家持《おほとものやかもち》（巻十九―四一四〇）

歌意　あれは、私の庭のスモモの花が散っているのか、それとも庭にはらはらと降った、薄雪がまだ残っているのだろうか。

スモモは中国原産の落葉高木で、古事記にも記述が見られ、古い時代に日本に渡来してきた果樹といわれている。高さ約10m。春に葉が出るのに先がけて、純白の5弁花が小枝一面に群がり咲く。その後、結実し、実は8月頃に赤紫色や黄色に熟し食べられる。酸味が強く歯ごたえがある。生食する他に、半熟のものを塩漬けしたり乾燥させたりして料理や菓子の材料になる。

万葉集で詠まれているのは、紹介した1首のみ。中国では「桃李」は春の景物の代表で、家持はこの歌と同時にモモの花の歌を詠み、ようやく迎えた早春の喜びを詠んでいる。

淡紅色の桃の花。観賞を目的とした花桃は、紅・紫・白色や、紅白に咲き分けるものなど、20種余りがある。果樹の核（種子）は桃仁（とうにん）といい、消炎性浄血剤として用いられる。

バラ科

古来、悪霊を祓《はら》う神聖な植物とされてきた果樹

モモ（桃）

4月

栽培品

万葉名

桃《もも》

春《はる》の園《その》 紅《くれなゐ》にほふ 桃《もも》の花《はな》 下照《したで》る道《みち》に 出《い》で立《た》つ娘子《をとめ》

大伴家持《おほとものやかもち》（巻十九―四一三九）

歌意

春の苑は美しいモモの花で紅色に輝いています。その赤く映える道に立つ少女の姿はなんと美しいことだろう。

モモは古代に渡来した中国原産の落葉低木で、樹高は3mくらい。4月初旬に葉が出るのより先に、やや色の濃い淡紅色の花を開く。その後、結実し、初夏になると熟して食用となる。中国ではめでたい果物のひとつで、邪気を祓《はら》う霊力があるものと信じられていた。

紹介した歌は、前ページで紹介したスモモの歌といっしょに越中に赴任していた家持が詠んだもの。「春の苑」「桃の花」「娘子」という名詞を重ね、助詞を省いているため、あたかも漢詩表現のような力強く引き締まった感じと、華麗な趣きがある。万葉集では他に6首ある。

枝先に咲いたナシの花（上）と果実（下）。

バラ科

ナシ（梨）

5月

栽培品

枝先に白い花がかたまって咲く、落葉高木の果樹

万葉名

梨《なし》

もみじ葉《ば》の　にほひは繁《しげ》し　然《しか》れども
妻梨《つまなし》の木《き》を　手折《たを》りかざさむ

作者不詳（巻十―二一八八）

歌意

もみじの葉の色にはさまざまありますが、私はあまり目立ちもしないナシの木の枝を折り取って、髪にさそうと思います。

ナシは古代から栽培されてきた落葉高木。枝は黒紫色をしていて樹皮はなめらかだが、小枝には刺《とげ》がある。4月に3・5～4㎝の白い花が枝先に集まって咲く。開花後、夏から初秋にかけて結実し、平均して径10㎝ほどの実をつける。食用の他に、葉を乾燥させて風呂に入れるとあせもに効き、煎じた液でうがいをすればのど痛をやわらげる。

万葉集には4首詠まれている。紹介した歌の「妻梨」は、「梨の木」と「妻が無し」というふたつの意味を掛けている。妻を亡くした男が嘆きを込めて作った歌である。「妻」を夫と考えると女の歌ともとれる。

新葉の芽吹きに先がけて密生して咲く、淡紅色の5弁花。

バラ科

ニワウメ（庭梅）

古来、観賞用とされた、にぎやかに咲く淡紅色の花

4月

栽培品

万葉名

翼酢《はねず》
波祢受《はねず》
唐棣《はねず》

思《おも》はじと 言《い》ひてしものを はねず色《いろ》の
移《うつ》ろひやすき 我《あ》が心《こころ》かも

大伴郎女《おほとものいらつめ》（巻四―六五七）

歌意

もう恋はしないと言ったのに、またしても恋しくなりました。ニワウメの花の色のように、なんて変わりやすい私の心であることでしょう。

ニワウメは中国原産の落葉低木で、高さ約1～2m。株立ちをして、花は葉の出る前に咲く。淡紅色または白色の花で、果実は7月に熟し、食用となる。甘酸っぱく美味。にぎやかに花が咲くことから、古来、観賞用として庭に植えられてきた。核は利尿や虫歯の薬用に用いられる。

万葉集においては、はねずをニワウメとする説が一般的だが、他にモクレン、フヨウ、ヤマナシ、ザクロ、ツユクサとする説もある。「はねず色」は、桃色よりやや濃いめの紅色をさすが、歌に詠まれた意から察すると、あせやすい染色であったことがわかる。

筒形の花は先端で4裂し、白色の軟毛を密生し、内側は黄色で長さ1㎝。葉は光沢がなく、薄く狭長楕円形。

ジンチョウゲ科

枝が3つに分かれることから名のついた落葉低木

ミツマタ（三椏）

3〜4月

栽培品

万葉名

三枝《さきくさ》

春《はる》されば　まづ三枝《さきくさ》の　幸《さき》くあらば
後《のち》にも逢《あ》はむ　な恋《こ》ひそ我妹《わぎも》

柿本人麻呂《かきのもとのひとまろ》（巻十―一八九五）

歌意

春になると、まず咲く三枝《さきくさ》（ミツマタ）のように無事であったら、また逢えるでしょう。そんなに恋に苦しまないでください、いとしいひとよ。

ミツマタは古代に渡来した中国原産の落葉低木で、高さは2〜3m。枝が3つに分かれることから、この名がついた。12月頃からつぼみを生じ、そのまま越冬し、春に薄い黄色の花が咲く。枝の先に集まった丸い頭《とう》状《じょう》花序となる。果実は初夏に熟し、種子は4〜5㎜。樹皮は丈夫で、和紙の原料になり、証券紙、紙幣などに使われている。

紹介した歌は「咲き」と「さきくさ」の「さき」が掛詞《かけことば》になっていて、さらに「幸《さき》く」と同音で音もよい。さきくさをミツマタとする説の他に、ヤマユリやササユリ、ツリガネニンジンなどとする多くの説がある。

ジンチョウゲ科

夏に葉が落ち、真っ赤な実をつける落葉低木

オニシバリ（鬼縛り）

✽ 4〜5月　本州、四国、九州

広葉樹林のなかに生育する落葉低木で、高さ0・5〜1m。雌雄異株《しゆういしゅ》で、細長い葉が互生するが、夏には葉が落ちる。早春、黄緑色の花をまとまってつける。果実は紅色。樹皮の繊維が強く、鬼も縛れるほどだという意味の名。和紙製造の補助剤にも使われる。葉が夏に落ちるので、ナツボウズともいう。

オニシバリの真っ赤な実。樹皮は丈夫で容易に切れず、コゾウナカセ（小僧泣かせ）の方言名もある。

ジンチョウゲ科

オニシバリとともにナツボウズとも呼ばれる落葉樹

ナニワズ（難波津）

✽ 5〜6月　北海道、本州

紅葉樹林の林床《りんしょう》に点々と生育する落葉小低木。オニシバリ同様、夏には葉を落とすため、ナツボウズとも呼ばれる。葉は長さ3〜8㎝で、基部は楔形《くさび》になってやや輪生状にかたまってつく。雌雄異株《しゆういしゅ》で花は黄色。花冠《かかん》のように見える大きな萼《がく》が特徴的。雄花は萼筒部《がくとう》が長く、雌花は短い。

ナニワズの雄花。花冠のように見えるのが萼（がく）。果実は鮮やかな赤色。

花は白く清純な雰囲気。実はピンポン玉ほどの大きさで、やわらかな毛が密生する。

ミカン科

カラタチ（枳殻）

中国名の「唐橘《からたちばな》」から名がついた落葉低木

4〜5月

栽培品

万葉名

枳《からたち》

からたちの　茨《うばら》刈《か》り除《そ》け　倉《くら》建《た》てむ
屎遠《くそとほ》くまれ　櫛《くし》作《つく》る刀自《とじ》

忌部首《いむべのおびと》（巻十六―三八三二）

歌意

カラタチのイバラを刈りとって、私はそこに倉を建てようと思っています。ですから櫛造りのおばさん、もっと遠くで用を足してください。

カラタチは中国原産の落葉低木。高さは3〜4m。生垣用に使われるほか、ミカンの台木用にミカン園の周囲に植えられている。幹は2〜3mで、葉の付け根に長さ5㎝もある鋭い刺《とげ》をもつ。葉が出るのに先立って、芳香のある白い5弁花が咲く。花弁は他のミカン類のものより細い。花後、結実し、秋に黄色く熟す。

万葉集でカラタチは、その刺のために、人を寄せつけない親しみにくい存在として扱われている。紹介した歌は、風流とか雅《みやび》といった雰囲気からはほど遠い。のちに川柳や俳諧、狂歌につながる戯笑歌とされている。

アヤメに似ているカキツバタの花。「いずれアヤメかカキツバタ」のことわざはこれに由来する。

アヤメ科

カキツバタ（杜若・燕子花）

天然記念物に指定される絶滅危惧種の多年草

5〜6月

北海道、本州、四国、九州

万葉名

垣播《かきつばた》・垣津旗《かきつばた》
垣津播《かきつばた》
加吉都播多《かきつばた》

我《われ》のみや　かく恋《こひ》すらむ　かきつはた
につらふ妹《いも》は　いかにかあるらむ

作者不詳（巻十一―一九八六）

歌意
私だけがこんなに恋をするのだろうか。カキツバタのように頬の赤いあの娘は、どんな気持ちでいるのだろうか。

水辺の多い湿地や浅い水中などに生える多年草。花茎は高さ50〜80cm。先に径10〜12cmの紫色の花をつける。アヤメによく似ているが、外花被片《がいかひ》の基部に白色の斑紋があるのが特徴。基部は黄色を帯びる。葉は広線形で、基部や鞘《さや》となり2列が扇状につく。中央脈は隆起しない。

花の汁で布を染めたことから、書きつけ花《ばな》（こすりつける花）と名づけられ、転じてカキツバタとなった。紹介した歌の他に、大伴家持《おおとものやかもち》が詠んだ「かきつはた　衣《きぬ》に摺《す》り付け　ますらをの　着襲《きそ》ひ狩《かり》する　月《つき》は来《き》にけり」（巻十七―三九二一）は、書きつけの風習を詠んでいる。

アヤメ科

ノハナショウブ（野花菖蒲）

園芸用のハナショウブの原種

✻5～7月　北海道、本州、四国、九州

湿地や草地などに生える多年草。花茎は無毛で、高さ40～100㎝。先に赤紫色の花をつける。黄色い斑紋をもつ約7㎝の外花被《かひ》片3枚と、小さくて直立する内花被3枚からなる。葉は剣状で、長さ30～60㎝。太い中央脈が目立つ。果実は3裂する蒴果《さくか》。ハナショウブの原種。

中央の脈が目立つ葉（右）と弾けた蒴果（左）。

アヤメ科

アヤメ（菖蒲）

外花被《がいかひ》片で見分ける、カキツバタに酷似した多年草。

✻5～7月　北海道、本州、四国、九州

日当たりのよい山野の草地に生える多年草。花茎は高さ30～60㎝になり、先に紫色の花をつける。カキツバタに似ているが、外花被《がいかひ》片の基部に紫色と黄色の網目状の模様があるのが特徴。「網の目」が転じてアヤメという名になったといわれている。内花被片は直立。葉は長さ30～60㎝の剣状線形。

外側に垂れ下がるのが3枚の外花被片。直立するのが3枚の内花被片。雌しべは花被と同じように色がつき3裂。雄しべは隠れるように3本ある。

アヤメ科

ヨーロッパから渡来した、黄色い花をつけるアヤメの仲間

キショウブ（黄菖蒲）

5～6月　北海道、本州、四国、九州

明治30年代に輸入されたヨーロッパ原産の多年草。現在は野生化して、池のほとりや湿地などに生える。葉の間に高さ50～100㎝の花茎を伸ばし、先に鮮やかな黄色の花をつける。葉は剣状線形で、根元から2列出て太い中央脈がある。果実は楕円形の蒴果《さくか》。熟すと3裂する。

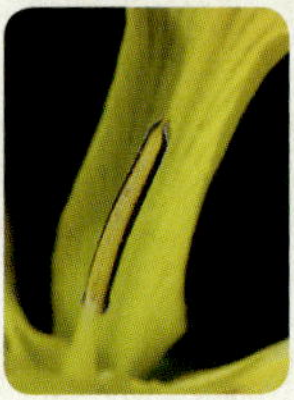

赤褐色の突起が雄しべで、外からは見えない。

万葉こぼれ話

万葉人があこがれた舶来の花、ウメ

いま、春の日本の花といえば誰もが「サクラ」をイメージするが、『万葉集』では「ウメ」のほうが多く詠まれている。万葉の時代、ウメは中国から渡来したばかりで、珍しい舶来の植物として上流貴族や文化人にもてはやされていたからである。ウメは中国の漢詩などにかなり古くから詠まれており、唐の国の名花としてあこがれの花だったのだ。

148ページのコラムでも紹介したように、『万葉集』に登場するウメは、そのほとんどが白梅である。また、「梅と柳」「梅と鶯」といったイメージも、すでに『万葉集』に詠まれている。

ところで、『万葉集』では、さらにもうひとつの傾向として、ウメの花の美しさを詠むことが多く、その香りはほとんど詠まれていない。花の香りが詠まれるようになるのは平安時代以降で、『古今集』には盛んに香りを扱った歌が登場する。これはウメだけにとどまらず、花の歌全体にいえる傾向である。

花茎の先端にある頂小穂は雄性。その下にある円柱形の側小穂は雌性。

カヤツリグサ科

カサスゲ（笠菅）

蓑《みの》や笠の原料に。草丈が1mにもなる大型の多年草

4〜7月

北海道、本州、四国、九州

万葉名

菅《すげ》・須気《すげ》

大王《おほきみ》の 御笠《みかさ》に縫《ぬ》へる 有馬菅《ありますげ》
ありつつ見《み》れど 事《こと》なき我妹《わぎも》

作者不詳（巻十一―二七五七）

歌意

大君の使う笠に縫いつづる有馬産のスゲのように、いつ見ても、いつまでもわが妻は申し分なくかわいい。

スゲはカヤツリグサ科スゲ属の総称だが、古くはカサスゲを指していた。カサスゲは笠に用いられるスゲで、ここで紹介した歌に詠まれたものはカサスゲと推測される。万葉集のなかでは、この歌のように「有馬菅」「難波菅笠」「三島菅」など、産地名を詠んでいるものも多い。さらに、「菅の根」も多く詠まれ、その形態をとらえて「長き」の枕詞にもなっている。

カサスゲは平地の湿地や浅い池や沢などに生える多年草。草丈は1mにもなる。花茎の断面は三角形で、中が詰まった中実性の茎。基部は暗赤紫色の部分があり、糸網がついている。

上から雄花、果穂（直径1㎝ほど）、葉。

カバノキ科

万葉時代を代表する染料植物

ハンノキ（榛の木）

11～4月

北海道、本州、四国、九州、沖縄

万葉名

榛《はり》・針《はり》・波《は》里《り》

いざ子《こ》ども　大和《やまと》へ早《はや》く　白菅《しらすげ》の
真野《まの》の榛原《はりはら》　手折《たを》りて行《ゆ》かむ

高市黒人《たけちのくろひと》（巻三―二八〇）

歌意　さあ皆の者よ、大和へ早く帰ろう。シラスゲの生えている、この真野（兵庫県神戸市長田区）のハンノキの枝を手折り、それを旅の土産にして。

全国各地の湿地に生える落葉高木。高さ約15ｍ。葉は互生し、長さ6～12㎝。長楕円形で先が尖る。葉脈は7～9対となる。花は葉に先がけて咲き、雌雄異花。雌花は紅紫色で楕円形。雄花は紫褐色で、ひも状に垂れ下がる。その様は、小動物のしっぽに似ている。秋に褐色の球果をつける。材はややわらかいが、緻密で赤褐色をしており、家具やおもちゃ、杓子《しゃくし》などに使われている。

万葉時代、ハンノキはアカネやムラサキとともに代表的な染料植物であった。そのため、衣に色をつける情景を詠んだ歌が多数ある。染料の色は墨色。

上向きに反り返った花（上）。樹皮は乾燥させて、煎じて飲めば、解熱や扁桃腺炎に効く。

ヤナギ科

万葉貴族に愛された、春の到来を告げる落葉高木

シダレヤナギ（枝垂れ柳）

4～5月

北海道、本州、四国、九州

万葉名

柳《やなぎ》・楊《やなぎ》

夜奈宜《やなぎ》・楊那宜《やなぎ》

楊奈疑《やなぎ》・夜奈枳《やなぎ》

**青柳《あおやぎ》の　糸《いと》の細《くは》しさ　春風《はるかぜ》に
乱《みだ》れぬい間《ま》に　見《み》せむ児《こ》もがも**

作者不詳（巻十―一八五一）

歌意
青々と芽吹いたしなやかなシダレヤナギの美しいことよ。春風に乱れぬうちに、だれかいい娘に見せてやりたい。そんな乙女がいればよいのに。

中国原産の落葉高木で、高さ5～10m。川や堀などの水湿地に植えられることが多い。葉は互生して狭披針《きょうひしん》形の淡緑色。枝は優美に垂れ下がる。葉が芽吹きはじめた頃に、黄緑色で長さが2～3㎝の花が、葉の付け根に咲く。実は初夏に熟し、白い毛を利用して飛ぶ。

万葉集にはシダレヤナギとネコヤナギが詠まれているが、前者が36首、後者が4首と、圧倒的にシダレヤナギのほうが多い。それは、当時の貴族がシダレヤナギの小枝を鉢巻のように巻きつけて髪飾りにしたり、手に持ち柳小路を行き来したりするのが流行していたためである。

ネコのしっぽのようなネコヤナギの花穂。

ヤナギ科

ネコヤナギ（猫柳）

春の訪れに猫の尾のような花穂《かすい》をつける落葉低木

3〜4月

北海道、本州、四国、九州

万葉名

川楊《かはやなぎ》

河楊《かはやなぎ》

山《やま》の際《ま》に　雪《ゆき》は降《ふ》りつつ　しかすがに
この川柳《かはやぎ》は　萌《も》えにけるかも

作者不詳（十—一八四八）

歌意

山あいではまだ雪が降りつづいていますが、この川のネコヤナギはもう芽を出してきました。

ネコヤナギは川沿いや水湿地に生える落葉低木。樹高は0・5〜3m。株立ちする。葉は互生し、長楕円形。裏には絹毛が密生する。花は葉が出るまえに咲き、尾状《びじょう》花序となる。花の穂がネコの尾に似ているので、この名がついた。別名タンガワヤナギという。

本来、「楊」はカワヤナギ（ネコヤナギ）を、「柳」はシダレヤナギを表す。「楊」は揚と通じてあがるという意味があり、楊は木の枝が立っていることを意味する。一方、「柳」は音でリュウといい、これは枝が垂れている様子をさす。万葉集でネコヤナギは、4首に詠まれている。

花茎から無柄の花穂を出して、淡黄緑色の花を密にたくさんつける。根茎は冬に堀りだし、ふたつに割って乾燥させ「菖蒲根」という健胃剤になる。

サトイモ科
ショウブ科

ショウブ（菖蒲）

強い香気が魔除けとされた、水辺に群生する多年草

5〜7月

北海道、本州、四国、九州

万葉名

菖蒲草《あやめぐさ》

ほととぎす　厭《いと》ふ時《とき》なし　あやめぐさ
縵《かづら》にせむ日《ひ》　こゆ鳴《な》き渡《わた》れ

作者不詳（巻十—一九五五）

歌意

ほととぎすよ、おまえを嫌に思うときなどない。ショウブを頭に巻いて髪飾りにする日には、鳴いてここへ通ってほしい。

ショウブは水辺に自生する多年草。高さ約70㎝。地下茎は太く、赤みを帯びた白色。肉穂《にくすい》花序の黄色い小花をつける。葉は長く1mほどになり、幅は約2㎝で中央に1本の脈がある。独特の臭気を有し、これが邪気を祓《はら》い、疫病を防ぐと信じられた。古来、端午の節句に用いられる。

ショウブはアヤメ科のハナショウブと混同されやすいが、まったく別種の植物。花も観賞用には適さない。紹介した歌のように、ショウブは平安時代以降、五月五日の節句に欠かせないものとして珍重され、風流人に愛好されたホトトギスと相伴うものとしてもてはやされた。

キョウチクトウ科

日本にはこの一種のみあるチョウジ属。絶滅危惧種

チョウジソウ（丁字草）

3～4月　北海道、本州、九州

川原や原野のやや湿った草地に生える多年草。茎は直立し、高さ40～80cm。葉はふつう互生し、全縁《ぜんえん》の披針《ひしん》形で両端は尖る。茎頂《けいちょう》に青紫色の高杯《こうはい》形の花が、集散花序をなして多くつく。花冠《かかん》は直径約1・3cm。上部は5裂して平開する。果実は円柱状の朔果《さくか》。長さは5～6cm。

花の形がチョウジの花に似ていることからこの名がついた。写真左が果実。

万葉こぼれ話

さまざまな説がある万葉植物

万葉植物のなかには、解釈により何種類かの植物に想定されるものがある。たとえば、本書でも紹介している「須美礼《すみれ》」をレンゲソウとする説もある。また、以下に紹介する歌の「次嶺《つぎね》」は、植物名ではなく、いくつもの嶺を越えていく意味で山城道にかかるとする説が有力だが、一方で、ヒトリシズカもしくはフタリシズカではないかと推察する説もある。

どの説も歌の情景や作者の想いに、想定する植物の具体的な姿を絡めて解説しており、納得する。野歩きをして実際に植物を見ながら、どの説が妥当なのか自分なりに考えてみてはいかがだろう。その日見た草花の姿や、自分の心もちで、意見が変わってくるのでおもしろい。

つぎねふ　山城道《やましろぢ》を　他夫《ひとづま》の　馬《うま》より行《ゆ》くに　己夫《おのづま》し　徒歩《かち》より行《ゆ》けば
見《み》るごとに　音《ね》のみ泣《な》かゆ　そこ思《も》ふに　心《こころ》し痛《いた》し　たらちねの
母《はは》が形見《かたみ》と　我《わ》が持《も》てる　まそみ鏡《かがみ》に　蜻蛉領巾《あきづひれ》　負《お》い並《な》めて持《も》ちて
馬買《うまか》へ我《わ》が背《せ》　　作者不詳（巻一三・三三一四）

春〜初夏の花を訪ねる

おすすめ野歩きスポット

① 藻岩山《もいわやま》

【所在地】札幌市中央区

【見どころ】5月中旬に行くと、エゾイチゲやミヤマスミレ、アポイタチツボスミレなどが見られる。フクジュソウはもう実になりかけているが、市内から簡単に行けて、春の花を満喫できるおすすめの場所。夜景が美しい場所としても有名。交通手段は通常ロープウエイを使用するが、平成23年にミニケーブルカーや自然学習歩道も新設されている。

【観察できる植物】エゾエンゴサク、シラネアオイ、ナニワズなど。

【アクセス】札幌市内より車で約20分↓「もいわ山麓駅」よりロープウエイにて。無料シャトルバスもあり。

ロープウェイからは、原生林と札幌の街が一望できる

エゾエンゴサク

ナニワズ

② ニセコ

【所在地】虻田郡ニセコ町

【見どころ】散策路を歩くと、所々にエゾイチゲが群生し、見事。シラネアオイなども河畔の斜面に群がり、葉の縁が深く切れ込んだフギレオオバキスミレが楽しめる。

【観察できる植物】ザゼンソウ、エゾエンゴサク、カタクリ、エゾリュウキンカ、アキタブキ、ミヤマスミレなど。

【アクセス】車にて札幌より105km120分。最寄駅はＪＲニセコ駅。

エゾイチゲ

フギレオオバキスミレ

札幌もいわ山ロープウエイ http://moiwa.sapporo-dc.co.jp/
北海道ニセコ町 http://www.niseko-ta.jp/

北海道

3 アポイ岳

【所在地】様似《さまに》郡様似町

【見どころ】アポイタチツボスミレ、アポイクワガタ、アポイアズマギクといった、アポイの名がつく固有種が多い。高山植物に出会えるのも大きな楽しみのひとつだが、山麓ではエゾオオサクラソウやオオバナエンレイソウやギョウジャニンニクが見られ、頂上まで行かなくても十分楽しめる。

【観察できる植物】エゾキスミレ、ヘビノボラズ、サマニユキワリなど。

【アクセス】車でとかち帯広空港から約2時間、新千歳空港から約3時間。

エゾオオサクラソウ

東北

4 乳頭温泉郷近辺

【所在地】秋田県仙北市

【見どころ】乳頭温泉郷は、十和田・八幡平国立公園にある乳頭山の山麓に点在する七湯のことをいう。乳頭山には、美しい高層湿原として知られる高山植物や千沼ヶ原などがある。温泉郷付近は、春、ブナの芽だしが美しく、山道の林縁にはスミレサイシンやオオタチツボスミレが咲き誇る。

【観察できる植物】ウスバサイシン、キクザキイチゲ、シャクなど。

【アクセス】乳頭温泉郷へは秋田市内から車で約1時間30分、JR田沢湖駅からバスにて約55分。鶴の湯温泉旧道入口にて下車↓徒歩にて東北自然道や自然の小道を巡るとよい。乳頭山への登山は2～3時間かかる。

オオタチツボスミレ

タニウツギ

温泉街を流れる先達川

アポイ岳ジオパーク http://www.apoi-geopark.jp/
あきたファンドッとコム http://www.akitafan.com/

5 山形県立自然博物園（月山ネイチャーセンター）

【所在地】山形県西川町大字志津字姥ヶ岳159

【見どころ】手つかずの自然がいまも多く残る、国内でも貴重な場所。姥ヶ岳の山麓、石跳川の沢沿いを中心に広がる野外自然学習施設。ネイチャーセンターはその活動拠点となる。およそ245ヘクタールの広大な園内には、すばらしいブナの原生林に囲まれた散策路があり、残雪に生える新緑がじつに美しい。花はカタクリやコミヤマカタバミ、オオタチツボスミレ、スミレサイシンなどのスミレ類や、オオカメノキ、ブナの花を楽しむことができる。

【観察できる植物】ユキザサ、サンカヨウ、ハイハマボッスなど。

【アクセス】ＪＲ寒河江《さがえ》駅からタクシーで45分。

原生林の向こうに見えるのが月山

オオカメノキ

サンカヨウ

6 国上山《くがみやま》

【所在地】新潟県燕市

【見どころ】初心者から熟練登山者までが楽しめる山。雪解けする3月下旬には早春の植物が一面に咲いている。とくにカタクリやオオミスミソウが見事。4月になるとナガハシスミレが満開になる。

【観察できる植物】コシノカンアオイ、ヒメアオキの実、コシノコバイモなど。

【アクセス】ＪＲ越後線分水駅より車で15分。

オオミスミソウ

コシノコバイモ

山形県立自然博物園 http://gassan-bunarin.jp/
新潟観光ナビ http://www.niigata-kankou.or.jp/niigata-city/nishikanku/season/II0002.html

7 瀬波温泉付近

【所在地】 新潟県村上市

【見どころ】 瀬波温泉は鯛の島、粟島を目前にした白砂青松の地。ゴールデンウイークの頃に訪ねると、イソスミレ、別名セナミスミレが海岸で満開である。坂町周辺の海岸では、イソスミレや植栽されたハマナスが楽しめる。

【観察できる植物】 ハマハタザオ、コウボウムギ、ハマエンドウなど。

【アクセス】 JR羽越線村上駅よりバスで10分。日本海東北自動車道・村上瀬波温泉ICより車で11分。

イソスミレ

コウボウムギ

8 ドンデン山〜金北山《きんぽくさん》

【所在地】 新潟県佐渡島

【見どころ】 「花の百名山」にも数えられる植物ウォッチングのスポット。春は、毎年ゴールデンウイークごろがカタクリの見頃。金北山スカイラインの途中では、オオミスミソウの群落にも出会うことができる。海岸沿いを走る国道沿いの浜辺では、ハマハコベやアラゲヒョウタンボク、エゾノヒナノウスツボも見ることができる。

【観察できる植物】 キクザキイチゲ、ショウジョウバカマ、スミレサイシン、フッキソウ、タムシバなど。

【アクセス】 佐渡島へは新潟港から両津港へジェットフォイルで60分。カーフェリーでは2時間30分。人気の宿泊施設・ドンデン山荘へは、両津港佐渡汽船ターミナルより車で約40分。

標高1172m、佐渡最高峰の金北山

ハマハコベ

オオミスミソウとカタクリ

瀬波温泉協同組合 http://www.senami.or.jp/
佐渡島の花トレッキング http://www.ryotsu.sado.jp/trek/

⑨ 明治の森 国定公園 高尾山

【所在地】東京都八王子市高尾町

【見どころ】自然林が広く残っているため、海抜599mながら多くの樹木が茂る。生息する高等植物は153科1300種類。なかでも高尾山特有の植物は65種類に達する。4月初旬から中旬にかけて、スミレが見頃である。日陰沢へ行くと、エイザンスミレ、ナガバノスミレサイシン、タチツボミスミレなどスミレ類が満開になっている。

【観察できる植物】オドリコソウ、ヒナスミレ、マルバスミレ、ハナネコノメソウ、コチャルメルソウ、ミツバコンロンソウなど。

【アクセス】JR新宿駅より高尾駅へ44分、京王線新宿駅より高尾山口駅へ47分↓徒歩もしくは、エコーリフトやケーブルカー。

天狗伝説で名高い高尾山薬王院

タカオスミレ

エイザンスミレ

⑩ 片倉城址公園

【所在地】東京都八王子市片倉町2475

【見どころ】園内には北村西望の作品をはじめ17基の彫刻がある。4月の初めはカタクリで雑木林の下が紫で埋まる。それにひき続き、ヤマブキソウが咲き、辺り一面が黄色に染まる。コバイモも見ることができる。

【観察できる植物】シュンラン、タチツボスミレ、タカオスミレなど。

【アクセス】JR横浜線片倉駅より徒歩5分、京王線片倉駅より徒歩8分。

シュンラン

ヤマブキソウ

高尾山 http://www.takaotozan.co.jp/
八王子市・片倉城址公園 http://www.city.hachioji.tokyo.jp/kyoiku/rekishibunkazai/001784.html

⑪ 小石川植物園

【所在地】東京都文京区白山3−7−1

【見どころ】近代植物学発祥の地。16万1588㎡の園内は台地、傾斜地、泉水地など変化に富む。ゴールデンウイーク中は、毎年ハンカチノキやトチノキが満開。ヒトツバタゴやジングウツツジなどのツツジ類も咲き乱れる。

【観察できる植物】ツクシスミレ、オオアマナ、セイシカ、オオカナメモチ、ハンカチノキ、ガクウツギなど。

【アクセス】都営三田線白山駅より徒歩10分、地下鉄丸ノ内線茗荷谷駅より徒歩15分。

ハンカチノキ

キヨスミミツバツツジ

⑫ 六甲山

【所在地】兵庫県神戸市

【見どころ】4月後半から5月、コバノミツバツツジやモチツツジが楽しめる。スミレではナガバノタチツボスミレが林縁で、ヒメアギスミレが少し湿ったところで見ることができる。山頂付近にある六甲植物園も必見。世界の寒冷植物や六甲山に自生する多くの植物を観察できる。六甲森林公園も散策におすすめ。

【観察できる植物】シハイスミレ、ヤブウツギ、アリマウマノスズクサ、オオカメノキなど。

【アクセス】JR六甲道駅、阪急六甲駅、阪神御影駅よりバスで10〜30分、六甲ケーブル下車↓六甲ケーブル下駅より約10分で六甲ケーブル山上駅↓バスにて約7〜11分で六甲山エリア着。

六甲山の眼下に広がる大阪湾

ヒメアギスミレ

モチツヅジ

小石川植物園 http://www.bg.s.u-tokyo.ac.jp/koishikawa/KoishikawaBG.html
六甲山ポータルサイト http://www.rokkosan.com/

⑬ 奈良県立都市公園 奈良公園

【所在地】 奈良県奈良市

【見どころ】 約500ヘクタール余りの広大な敷地に、東大寺、興福寺、春日大社など世界的文化遺産が点在する緑豊かな公園。公園内にはシカがいるので、野草は少ない。春には公園の芝生にポツンと立っているイチイガシの花が満開で、奈良の都を代表するアセビの白い花も見事である。ムクロジの大きな木も見どころ。所々にシハイスミレなどスミレ類も見ることができる。また、シカが嫌いなナチシダも群落をつくっている。

【観察できる植物】 ナギ、ホオノキ、ナガバノタチツボスミレ、クヌギなど。

【アクセス】 近鉄線奈良駅より徒歩5分、JR奈良駅より徒歩20分。

春日若宮神社へ続く参道

アセビ

ナチシダ

⑭ 吾妻山

【所在地】 広島県庄原市比和町森脇

【見どころ】 吾妻山は広島県と島根県の境にある標高1239mの山。比婆道後国定公園に属す。毎年5月中旬ごろ、ダイセンキスミレ、スミレサイシンなど種々のスミレが楽しめる。

【観察できる植物】 オオタチツボスミレ、フモトスミレ、ヤマシャクヤク、オオカメノキなど。

【アクセス】 JR備後庄原駅、庄原バスステーション、庄原インター高速バス停よりロッジまで送迎バスあり。

ダイセンキスミレ

ヤマシャクヤク

奈良公園クイックガイド http://nara-park.com/
休暇村 吾妻ロッジ http://www.qkamura.or.jp/azuma/

15 国定公園 帝釈峡

【所在地】 広島県庄原市東城町

【見どころ】 帝釈川の谷を中心に広がる名勝。植物の多いところである。ジュウニヒトエ、ヤマブキソウ、チョウジガマズミなどが咲き誇り、5月中旬には渓流沿いの道でスズシロソウ、ヤマハコベ、クロタキカズラなどに出会える。運がよければ園芸でおなじみのシロヤマブキの野生種が見られる。

【観察できる植物】 オオバイカイカリソウ、ハナイカダ、イブキスミレなど。

【アクセス】 中国自動車道東城ＩＣから車で約15分。

チョウジガマズミ

クロタキカズラ

16 秋吉台

【所在地】 山口県美祢《みね》市秋吉町

【見どころ】 秋吉台は山口県の中央部からやや西寄りにある、日本一広大なカルスト（石灰岩）台地。エリア内にはドリーネや鍾乳洞が点在している。大部分が国定公園に指定され、その一部は特別天然記念物に指定されている。毎年、山焼きがおこなわれ、草原が保たれている。春には、ミツバツチグリやカノコソウ、ホタルカズラなどが咲き誇る。

【観察できる植物】 ノアザミ、オキナグサ、ジャケツイバラ、イチリンソウ、ニリンソウなど。

【アクセス】 山陽本線ＪＲ山口駅からバスで40分、秋芳洞バス停下車→徒歩30分。美祢ＩＣから車で20分、山口宇部空港から車で約1時間。

ジャケツイバラ

ホタルカズラ

カルスト台地を緑色で覆う草原

帝釈峡観光協会 http://taishakukyo.com/
秋吉台・秋芳洞観光サイト http://www.karusuto.com/

⑰ 横倉山

【所在地】 高知県越知《おち》町

【見どころ】 横倉山は標高774m。峻険でよく目立ち、山腹には四季折々の花が見られる織田公園がある。植物史に名を残す牧野富太郎博士の生涯のフィールドとして知られ、約1300種の多彩な植生が見られる。5月初旬から中旬頃は、オンツツジが満開で、ヒメミヤマスミレなどスミレ類も咲いている。登山口にある「横倉山自然の森博物館」はぜひ訪れたい場所。安藤忠雄氏設計の館内には、横倉山に生える植物が紹介され、牧野博士がこの山で発見した植物が紹介されている。

【観察できる植物】 コミヤマスミレ、コバノガマズミ、カンサイスノキなど。

【アクセス】 高知市内から国道33号線を車で約1時間。

横倉山自然の森博物館の外観

オンツツジ

ヒメヤマスミレ

⑱ 高知県立牧野植物園

【所在地】 高知県高知市五台山4200－6

【見どころ】 植物学博士・牧野富太郎氏の業績をたたえて開園した植物園。6ヘクタールの園内には約3000種の植物が生育し、四季を通して楽しめる。4月末~5月初旬は、ナンジャモンジャの木のひとつとして有名な、ヒトツバタゴが満開。不思議な形をしたトビカズラの花も一見の価値あり。

【観察できる植物】 ウラジロウツギ、トビカズラ、ノイバラなど。

【アクセス】 JR高知駅から車で約20分、高知龍馬空港からは約40分。

ヒトツバタゴ

ツクシシャクナゲ

こうち森のささやき http://www.moritomidori.com/sasayaki/shizentaiken/yokokurayama.html
高知県立牧野植物園 http://www.makino.or.jp/index.html

四国

19 剣山《つるぎさん》

【所在地】徳島県美馬市ほか2市町村

【見どころ】剣山は標高1955m。西日本第2の高峰。春にはクロフネサイシン、サワハコベ、クロモジ、ユリワサビなどが咲く。夏に咲くキレンゲショウマの群生も見事。

【観察できる植物】マンサク、ヒメミヤマスミレ、アケボノツツジ、オンツツジ、ミヤマハンノキ、ダケカンバ、マイヅルソウ、ユキザサなど。

【アクセス】JR徳島線穴吹駅下車↓バスにて川上停下車↓徒歩4時間、美馬ＩＣから見ノ越まで車で約100分。

クロフネサイシン

カノコソウ

九州

20 倉木山

【所在地】大分県由布市湯布院町

【見どころ】倉木山は、「豊後富士」と呼ばれる由布岳の南側に位置する小さな山で、のびやかな草台地が広がる。4月中旬ごろに行くと、キスミレが満開である。ハルトラノオの白い穂状花、カナクギノキが黄色の花を開きはじめているのも見える。エヒメアヤメ、エイザンスミレやヒゴスミレなどスミレ類も多く見ることができる。山頂から見える、双耳峰の荘厳な由布岳の眺めはすばらしい。

【観察できる植物】ツクシショウジョウバカマ、バイカイカリソウ、クロフネサイシン、ヤマエンゴサクなど。

【アクセス】湯布院ＩＣから別府方面へ車で約20分、倉木山登山口で下車↓徒歩約1時間で山頂。

尾根の向こうに見える由布岳

ツクシショウジョウバカマ

キスミレ

剣山観光推進協議会 http://www.turugisan.com/

21 菊池渓谷

【所在地】熊本県菊池市

【見どころ】菊池渓谷は、池市街地から東へ約17km、阿蘇外輪山の北西にある。標高500～800mの間に位置し、1180ヘクタールの広大なエリア。植物の植生は暖帯性植生群に属しており、複雑で947種が数えられる。4月中旬から5月中旬にかけて、コショウノキ、サツマイナモリソウが満開である。この本では紹介していない、珍しい植物が多く生えている。

【観察できる植物】ヒメナベワリ、シロバナネコノメソウなど。

【アクセス】JR熊本駅よりバスにて約1時間10分↓菊池温泉停にて下車↓予約制相乗りタクシーにて約30分。熊本空港より車で約30分、熊本市内より約50分。

美しい滝も見どころのひとつ

コショウノキ

サツマイナモリソウ

22 屋久島

【所在地】鹿児島県屋久島町

【見どころ】いつ行っても花との出会いがある島。5月中旬、白谷雲水峡に行くと、サツキが渓流沿いに咲き、湿った林縁や岩の上には、ヤクシマスミレやヤクシマヒメミヤマスミレの白い花が咲き誇り、ヤクシマオナガカエデも見られる。種々のシダも楽しめる。

【観察できる植物】ヤクシマスミレ、ヤクシマアジサイ、ヤマグルマなど。

【アクセス】鹿児島空港から飛行機で約35分、鹿児島港から高速船で最短1時間45分。

サツキ

ヤクシマスミレ

きくち渓谷 http://ww7.tiki.ne.jp/~suigen/
屋久島観光協会 http://www1.ocn.ne.jp/~yakukan/index.htm

23 奄美《あまみ》大島

【所在地】鹿児島県・奄美大島

【見どころ】5月中旬はイジュ（ヒメツバキ）の白い花が満開。モダマの花やサキシマスオウ、川辺にはフトモモのふさふさした白い花と、アマミセイシカの赤い花が目立つ。海岸にはヒメナデシコやソナレノギクが見られ、4月にはテッポウユリが満開である。

【観察できる植物】シマセンブリ、ハマジンチョウゲ、オヒルギ、メヒルギ、ボタンボウフウ、アカテツなど。

【アクセス】羽田空港から約2時間30分、伊丹空港から約1時間40分。

モダマ

24 西表《いりおもて》島

【所在地】沖縄県石垣島市

【見どころ】西表島は八重山諸島のひとつ。島の約90％が亜熱帯の原生林に覆われており、例年2月ごろには花が咲きだす。海岸ではマングローブの仲間のハマザクロをめぐるのもよいし、カンピレーの滝で満開のツワブキやリュウキュウツワブキを見るのもいい。また、リュウビンタイやヤブレガサウラボシなど大型のシダも楽しめる。

【観察できる植物】テリハノギク、ギョクシンカ、タイワンルリミノキ、リュウキュウルリミノキ、マルヤマシュウカイドウ、キンギンソウ、ヤエヤマスミレなど。

【アクセス】那覇空港から約50分で石垣島へ→石垣島からカーフェリーにて西表島・大原まで35分。

マングローブ林を構成するオオバヒルギ

リュウキュウツワブキ

テリハノギク

奄美大島観光インフォメーション http://www3.synapse.ne.jp/a-k-i/
沖縄 西表島の総合情報サイト http://www.iriomote.com/web/

おもな植物用語の解説

P14～P21の図説もあわせてご参照ください。

あ

【羽状複葉《うじょうふくよう》】

鳥の羽根のように葉軸の両側に小葉が並んだ葉をいう。


【羽片《うへん》】

羽状複葉の葉で、中軸から出る葉片をいう。


【栄養葉《えいようよう》】

裸葉《らよう》ともいう。胞子嚢《ほうしのう》をつける葉とつけない葉があるシダ植物で、胞子嚢をつけない葉をいう。胞子嚢をつける葉は実葉《じつよう》という。


【越年草《えつねんそう》】

二年草ともいう。秋に発芽して冬を越し、翌年に開花結実して、種子を残す植物。オオイヌノフグリ、ナズナ、ホトケノザなど。

か

【蓋果《がいか》】

ふたのように上半分が分かれ、種子をこぼす果実。オオバコ、スベリヒユなど。


【塊茎《かいけい》】

養分を地下茎の先端に蓄え、肥大したもの。ジャガイモなど。


【塊根《かいこん》】

養分を蓄えて肥大した根。サツマイモなど。


【開出毛《かいしゅつもう》】

茎や葉などの表面から直角またはそれに近い角度で生える毛。


【仮果《かか》】

偽果《ぎか》ともいう。果実の大半が果皮以外の萼《がく》や萼筒《がくとう》が肥大してできたもの。ヤマグワ、ワレモコウなど。


【花芽《かが》】

花となる芽。一般的に葉芽《ようが》より大きい。


【花冠《かかん》】

ひとつの花にある花弁（花びら）全部をまとめていう。

【萼《がく》】花の外側にあるもの。そのひとつひとつを萼片《がくへん》という。

【花茎《かけい》】上部に花をつけている茎で、葉はつけない。タンポポ類、ネギなど。

【仮軸《かじく》】主軸の成長が止まって、横の側枝が伸び、主軸のように成長するもの。ブドウでは、主軸は巻きひげとなって成長が止まり、側枝が主軸となる。

【果実《かじつ》】受精した雌しべの子房が発達したもので、中に種子がある。

【仮種皮《かしゅひ》】種皮の外側を覆うもの。マサキ、マユミの種子の赤い部分、イチイの種子を囲む赤い部分。

【花托《かたく》】花床《かしょう》ともいう。萼《がく》、花冠《かかん》、雄しべ、雌しべなどをつけ肥大している部分。

【花嚢《かのう》】陰頭《いんとう》花序ともいう。花托《かたく》が盛り上がり、花を包んだ形になった花序。イチジクなど。

【花盤《かばん》】花托《かたく》の一部が盤状になったもの。

【花被《かひ》】萼片《がくへん》および花弁を花被片といい、そのうち萼片を外花被片、花弁を内花被片と呼ぶ。両者をあわせて花被と総称する。また、萼と花冠《かかん》の形質が同じか似ているものは、ともにそれぞれ花被といい、萼を外花被、花冠を内花被と呼ぶ。

【株立《かぶだ》ち】ひとつの株の根元から群がり生え、茎や幹が立ち上がっている状態。叢生《そうせい》ともいう。

【稈《かん》】イネ科植物の茎をいう。

【乾果《かんか》】果実が熟すと水分がなくなり乾燥するもの。

【偽果《ぎか》】仮果《かか》の項参照。

【帰化植物《きかしょくぶつ》】人間の活動によって、意識的、無意識的に、国境を越えて外国から日本に持ち込まれ、日本で野生化し、世代を重ねた植物をいう。

【気根《きこん》】茎から出て、空気中にある根。呼吸をするもの、植物体を支えるものなどがある。

【寄生植物《きせいしょくぶつ》】他の生きた植物から養分を吸収し、生活する植物。ヤッコソウ、ネナシカズラなど。

【球茎《きゅうけい》】地下茎に養分を蓄えて肥大したもの。サトイモ、クワイなど。

【偽鱗茎《ぎりんけい》】ラン科植物で、茎のもとのふくらんだ部分をいう。

【菌根植物《きんこんしょくぶつ》】菌類と共生する根をもつ植物。ラン科、マツ類、ハンノキなど。

【混芽《こんが》】芽の中に、花となる芽と葉となる芽が混在するもの。

【根茎《こんけい》】地中を這い、根のように見える茎。ハス、タケなど。

さ

【三行脈《さんこうみゃく》】中央脈の左右から脈が出て、3本の脈が目立つもの。クスノキ、ムクノキなど。

【四強雄蕊《しきょうゆうずい》】6本の雄しべのうち、4本が長く、2本が短いもの。

【四数性《しすうせい》】萼《がく》、花弁、雄しべなどが4またはその倍数となるもの。

【実葉《じつよう》】栄養葉の項参照。

【刺毛《しもう》】皮膚に刺さるような細くて長い毛。イラクサなど。

【雌雄異株《しゆういしゅ》】雌雄別株《しゆうべっしゅ》ともいう。雄花のつく株と雌花のつく株とが別のもの。

【雌雄同株《しゆうどうしゅ》】雄花と雌花の単性花が同じ株につくもの。

【雌雄別株《しゆうべっしゅ》】雌雄異株と同じ。

【珠芽《しゅが》】肉芽《にくが》・むかごともいう。葉の付け根にできる球状になった芽で、離れて地面に落ち、新株をつくる。

【宿存《しゅくそん》】萼《がく》が落ちずに残る状態をいう。

【主根《しゅこん》】直根ともいう。種子が発芽して伸びた幼根が大きくなったもの。

【種沈《しゅちん》】種子の先端につく付属物で、エライオソームともいう。脂肪酸や糖などが含まれ、アリが好む。

【種髪《しゅはつ》】種子についている長い毛。テイカカズラ、ガガイモ、キジョランなど。

【子葉《しよう》】種子から最初に展開する葉。

【小葉《しょうよう》】複葉をつくっている1枚1枚の葉。

【心皮《しんぴ》】被子植物の雌しべを構成するもの（花葉）で、胚珠を覆って保護する器官。

【蕊柱《ずいちゅう》】雄しべと雌しべが一体化して合着したもの。ラン科、サトイモ科に見られる。

【星状毛《せいじょうもう》】放射状に分枝している毛。

【腺点《せんてん》】葉の裏などにある分泌腺。

【走出枝《そうしゅつし》】ランナーともいう。匍匐枝《ほふくし》と同様、地上茎の基部の節から出て地表を水平に這って伸びる枝。節から根を下ろさず、先端にだけ子株をつくる（匍匐枝の項参照）。オランダイチゴ、ユキノシタなど。

【双子葉植物《そうしようしょくぶつ》】子葉が2枚で、葉脈が網状の植物。

【装飾花《そうしょくか》】昆虫を呼ぶためのもので、生殖機能がなく、目立つ花。

【叢生《そうせい》】株立《かぶだ》ちの項参照。

【側根《そくこん》】主根から出る枝の根。

【束生《そくせい》】短枝の先などに、葉が束になってついている状態。

た

【胎座《たいざ》】胚珠が子房についている部分をいう。中軸胎座、側膜胎座などがある。

【単為生殖《たんいせいしょく》】雌性と関係なく（受精することなく）、単独に種子をつくるもの。セイヨウタンポポ、ドクダミなど。

【短枝《たんし》】節間が短縮している枝。葉が束生する。長枝の項参照。

【単子葉植物《たんしようしょくぶつ》】子葉が1枚で、ふつう葉脈が並行の植物。

【単性花《たんせいか》】ひとつの花に雄しべ、または雌しべのいずれかしかもたない花。雄しべをもつ花を雄花、雌しべをもつ花を雌花という。

【単葉《たんよう》】葉身が1枚のものをいう。

【地下茎《ちかけい》】地下にある茎で、養分を蓄えたり繁殖の役をしたりするものがある。形状によって根茎、塊茎、球茎、鱗茎《りんけい》がある。

【地上茎《ちじょうけい》】地上にある茎。

【着生植物《ちゃくせいしょくぶつ》】土壌以外の岩や他の植物の幹などに付着する植物。

【頂芽《ちょうが》】枝の先端にできる芽。

【長枝《ちょうし》】節間が長く伸びた枝。短枝の項参照。

【沈水葉《ちんすいよう》】水中にある葉で、地上にある葉と形態が違う。

【藤本《とうほん》】蔓《つる》性植物のこと。

【徒長枝《とちょうし》】勢いよく伸長する枝で、葉などは極端に大きくなって出る。剪定《せんてい》した後などによく出てくる。

な

【二形花《にけいか》】同一種で二種類の構造の花をもつもの。筒状花《とうじょうか》と舌状花《ぜつじょうか》をもつキクの仲間など。

【二数性《にすうせい》】萼《がく》、花弁、雄しべなどが2またはその倍数となるもの。

は

【胚《はい》】種子の中にある幼植物。

【胚珠《はいしゅ》】種子になる部分。被子植物では子房内にあり、裸子植物では心皮についたまま裸出している。

【半寄生植物《はんきせいしょくぶつ》】葉緑素をもっており、寄生するともにみずからも光合成をおこなう植物。ヤドリギの仲間、ママコナの仲間など。

【左巻き《ひだりまき》】上から見たときに、先端の蔓《つる》の巻き方が反時計方向に巻くものをいう。もっとわかりやすい方法は、親指を立てて握りしめた手を蔓の伸びる方向に合わせ、蔓の巻き方と握った手の指の方向が一致しているか確認する。左手が合えば左巻き、右手が合えば右巻き。最近は、工業ネジの巻き方に合わせるのが一般的になっていて、その場合は逆の巻き方になる。本書は、前述に従った。

【副花冠《ふくかかん》】花冠にできる花弁状の付属物。

【伏毛《ふくもう》】圧毛《あつもう》ともいう。圧着して、葉や茎などにつく寝た状態の毛。

【複葉《ふくよう》】葉身が2枚以上の小葉からなる葉。

【腐生植物《ふせいしょくぶつ》】腐葉土など生物の分解物を栄養分として生活する植物。ギンリョウソウ、ツチアケビなど。

【付着根《ふちゃくこん》】茎から出るひげ根状の根で、他物に付着する。キヅタなど。

【冬芽《ふゆめ》（冬芽《とうが》）】

越冬芽ともいう。冬の寒さや乾燥に対応し、冬を越すためにできる芽。


【分果《ぶんか》】

分離果ともいう。1個の子房が分離してできた果実。それぞれの分果の中に1個ずつ種子がある。


【閉鎖花《へいさか》】

花を開かずに、雌しべと雄しべが接しており、自分の花粉で受精する花。


【胞子《ほうし》】

シダ植物、コケ植物、藻類、菌類でつくられる生殖細胞の一種。単独で発芽して新個体をつくる。


【胞子嚢《ほうしのう》】

胞子の入っている袋。


【胞子葉《ほうしよう》】

実葉《じつよう》ともいう。胞子嚢をつける葉。


【苞葉《ほうよう》】

苞《ほう》ともいう。芽を覆って、花を保護する器官。花または花序の付け根につく葉状のもの。


【捕虫嚢《ほちゅうのう》】

食虫植物がもつ袋で、昆虫を捕まえ、消化吸収する器官。


【匍匐枝《ほふくし》】

匍枝《ほし》、ストロンともいう。茎の基部の節から出て地表を水平に這って伸びる枝。節から根を下ろし、ふつう葉や花序を伸ばし、ちぎれると独立する。走出枝《そうしゅつし》の項参照。

ま

【巻《ま》きひげ】

葉や枝が細長く変形して、他のものに巻きつく機能をもったもの。


【蜜腺《みつせん》】

蜜を分泌する器官。


【むかご】

肉芽《にくが》・珠芽《しゅが》ともいう。珠芽の項参照。


【虫瘤《むしこぶ》】

虫癭《ちゅうえい》ともいう。昆虫やダニが産卵・寄生して分泌物を出し、その結果、異常に発達した部分。


【無柄《むへい》】

葉や花に柄《へい》がない状態をいう。

や

【葯《やく》】

おもに雄しべの先端にあり、花粉をつくる袋状のもの。


【油点《ゆてん》】

葉にあるごく小さな半透明の点で、中に油滴がたまり、葉肉内に沈んでいるもの。


【葉腋《ようえき》】

葉の付け根。ふつう、この部分の茎側から芽が出る。


【葉間托葉《ようかんたくよう》】

対生する葉の左右の托葉が合着したもの。ヘクソカズラなど。


【翼《よく》】

枝、葉軸、葉柄《ようへい》、花柄《かへい》、果実などに出る平らな付属物。

ら

【裸花《らか》】

萼《がく》、花弁がなく、雄しべと雌しべだけの花。ヤナギ、ドクダミなどの花。


【裸子植物《らししょくぶつ》】

子房がなく胚珠《はいしゅ》が裸出している植物。


【稜《りょう》】

茎、果実、種子などにつき、線状に出っぱった部分をいう。


【両性花《りょうせいか》】

ひとつの花に雄しべと雌しべがある花。


【鱗芽《りんが》】

葉の付け根にできる、球状で、養分を蓄えた多肉質のもの。オニユリのむかごやコモチマンネングサの葉腋《ようえき》にできる芽など。


【鱗茎《りんけい》】

地下茎のひとつ。短縮した茎のまわりに養分を蓄えた肉厚の鱗片《りんぺん》状の葉が球形になって重なってついたもの。ユリ、タマネギなど。


【鱗片《りんぺん》】

冬芽についている鱗《うろこ》状のもの。またシダ類の葉柄《ようへい》についている鱗状のもの。


【ロゼット】

根《こん》生《せい》葉が地面に平たく放射状に広がったもの。タンポポ類、ショウジョウバカマ、ハルジオンなど。

植物索引

●万葉名

【あ】
あしび……91
あづさ……73
あふち……74
あやめぐさ……163
あをな……103
うまら……62
うめ……147
え……69
おみのき……99

【か】
かきつばた……156
かたかご……24
かつら……66
かはやなぎ……162
かはらふぢ……75
からたち……155
くは……82

【さ】
さきくさ……153
さくら……59
さのかた……46
しきみ……86
すぎ……94
すげ……159
すみれ……38、39
すもも……149

【た】
たく……83
たへ……83
ち……140
ちがや……140
ちさ……89
ちばな……140
つがのき……98
つき……70
つげ……88
つつじ……92
つばき……67
つばな……140
つまま……79
つみ……82

【な】
なし……151
なつめ……146
ねつこぐさ……30

【は】
はねず……152
はは……25
はり……160
ひ……95
ひる……110
ふぢ……76
ほほがしは……68
ほよ……65

【ま】
まつ……97
まゆみ……90
むろのき……93
もも……150

【や】
やなぎ……161
やまたづ……85
やまぶき……61

【わ】
わらび……102

●現代名

【ア】

アカネスミレ……40
アカマツ……97
アキニレ……72
アケビ……46
アズマイチゲ……31
アセビ……91
アマナ……26
アヤメ……157
イカリソウ……58
イチリンソウ……32
イヌガラシ……104
イヌコハコベ……121
イヌザンショウ……87
イヌシデ……72
イヌナズナ……107
イヌノフグリ……112
イヌビワ……80
ウシハコベ……120
ウマノアシガタ……34
ウメ……147
ウラジロチチコグサ……130
エゴノキ……89
エノキ……69
オオイヌノフグリ……112
オオジシバリ……127
オオニワゼキショウ……78
オオバヤシャブシ……100
オキナグサ……30
オドリコソウ……51
オニシバリ……154
オニタビラコ……126
オニノゲシ……129
オヘビイチゴ……137
オランダガラシ……105
オランダミミナグサ……122

【カ】

カキツバタ……156
カキドオシ……52
カサスゲ……159
カジノキ……84
カスマグサ……117
カタクリ……24
カタバミ……139
カツラ……66
カテンソウ……37
カブ……103
カラスノエンドウ……116
カラタチ……155
カントウタンポポ……133
カントウマムシグサ……43
キキョウソウ……142
キクザキイチゲ……31
キジムシロ……137
キショウブ……158
キツネアザミ……134
キバナノアマナ……27
キバナハタザオ……56
キュウリグサ……124
キランソウ……53
クサイチゴ……64
クサノオウ……35
クサヨシ……141
クスダマツメクサ……118
クスノキ……80
クリンユキフデ……55
クロマツ……96
ケヤキ……70
コウゾ……83
コオニタビラコ……125
コゴメイヌノフグリ……114
コスミレ……40
コバイモ……26
コメツブツメクサ……119

コモチマンネングサ……144

【サ】

ザイフリボク……60
サギゴケ……115
サクラソウ……43
サワラ……96
シキミ……86
ジシバリ……127
シダレヤナギ……161
シャガ……77
ジャケツイバラ……75
ジュウニヒトエ……53
シュンラン……42
ショウブ……163
ショカツサイ……105
シロバナタンポポ……134
ジロボウエンゴサク……35
スイセン……109
スイバ……54
スカシタゴボウ……104
スギ……94
スズメノエンドウ……116
スズメノテッポウ……141
スミレ……38
スモモ……149
セイヨウアブラナ……106
セイヨウタンポポ……133
センダン……74
セントウソウ……34
センボンヤリ……49
ゼンマイ……101

【タ】

タガラシ……135
タチイヌノフグリ……113
タネツケバナ……108
タブノキ……79
チガヤ……140
チゴユリ……28
チチコグサ……130
チチコグサモドキ……131
チョウジザクラ……60
チョウジソウ……164
ツガ……98
ツゲ……88
ツタバウンラン……115
ツボスミレ……39
ツメクサ……123
ツルマンネングサ……144
テリハノイバラ……63
トウダイグサ……57

【ナ】

ナシ……151
ナズナ……107
ナットウダイ……57
ナツメ……146
ナニワイバラ……63
ナニワズ……154
ナルコユリ……29
ニガナ……128
ニリンソウ……32
ニワウメ……152
ニワゼキショウ……78
ニワトコ……85
ネコヤナギ……162
ネズ……93
ノアザミ……50
ノイバラ……62
ノゲシ……128
ノジスミレ……111
ノヂシャ……145
ノハナショウブ……157
ノビル……110
ノボロギク……132
ノミノツヅリ……123
ノミノフスマ……124

【ハ】
バイモ……25
ハコベ……119
ハナイバナ……125
ハハコグサ……129
ハマダイコン……106
ハルジオン……138
ハルトラノオ……55
ハルニレ……71
ハンノキ……160
ヒカゲスミレ……41
ヒキノカサ……33
ヒトリシズカ……48
ヒナギキョウ……143
ヒノキ……95
ヒメアマナ……27
ヒメウズ……33
ヒメオドリコソウ……52
ヒメコウゾ……84
ヒメスイバ……54
ヒメスミレ……111
ヒレアザミ……135
フキ……49
フジ……76
ブタナ……50
フタリシズカ……48
フラサバソウ……113
ヘビイチゴ……136
ペラペラヨメナ……131
ホウチャクソウ……28
ホオノキ……68
ホソバテンナンショウ……44
ホトケノザ……51
【マ】
マメグンバイナズナ……108
マユミ……90
ミズメ……73
ミチタネツケバナ……109
ミツバアケビ……47
ミツバツチグリ……138
ミツマタ……153
ミドリハコベ……120
ミミガタテンナンショウ……44
ミミナグサ……122
ミヤコグサ……117
ミヤマキケマン……37
ミヤマシキミ……87
ムギクサ……142
ムクノキ……71
ムベ……47
ムラサキカタバミ……139
ムラサキケマン……36
メキシコマンネングサ……143
モミ……99
モモ……150
【ヤ】
ヤシャブシ……100
ヤドリギ……65
ヤブタビラコ……126
ヤブツバキ……67
ヤブヘビイチゴ……136
ヤマエンゴサク……36
ヤマグワ……82
ヤマザクラ……59
ヤマツツジ……92
ヤマネコヤナギ……101
ヤマハタザオ……56
ヤマブキ……61
ヤマフジ……77
ヤマルリソウ……58
【ラ】
レンゲソウ……118
レンプクソウ……42
【ワ】
ワラビ……102

✽ 参考文献

『日本古典文学全集　萬葉集』(小学館)
山田卓三・中嶋信太郎『万葉植物事典　万葉植物を読む』(北隆館)
松田修『万葉の植物』(保育社)
大貫茂・馬場篤＝植物監修『万葉植物事典』(クレオ)
松田修・大西邦彦＝写真『萬葉の花』(芸艸堂)
西川廉行・中村美奈子＝絵『萬葉の花　小事典』(雄飛企画)
成田翠峰『筑紫万葉の花』(西日本新聞社)
庄司信洲『江戸の植物画と現代活け花による万葉の花』(学習研究社)
片岡寧豊『万葉の花　四季の花々と歌に親しむ』(青幻舎)
入江泰吉・中西進『入江泰吉　万葉花さんぽ』(小学館)
清川妙・鈴木缶羊＝画『万葉集　花語り』(小学館)
『NHK　日めくり万葉集』(講談社 MOOK)

米倉浩司・邑田仁＝監修『日本維管束植物目録』(北隆館) ＊科名は本書に従った
牧野富太郎『牧野新日本植物図鑑』(北隆館)
邑田仁『日本のテンナンショウ』(北隆館)
『日本の帰化植物』(平凡社)
『日本の野生植物』(平凡社)
木村陽二郎＝監修『図説　花と樹の大辞典』(柏書房)
『検索入門　野草図鑑』(保育社)
山溪ハンディ図鑑『1　野に咲く花』『2　山に咲く花』(山と溪谷社)
『日本帰化植物写真図鑑』(全農協)
矢野佐『植物用語小辞典』(ニュー・サイエンス社)
『牧野富太郎選集』(東京美術)
千宗左『お茶の四季』(サンケイ新聞社出版局)
梅沢俊『新北海道の花』(北海道大学出版会)
初島住彦・天野鉄夫『琉球植物目録』(沖縄生物学会)
菅原久夫『日本の野草』(小学館)
いがりまさし『野草のおぼえ方』(小学館)
中川重年『日本の樹木』(小学館)
日野東・平野隆久＝写真『ポケット図鑑　日本の野草・雑草』(成美堂出版)
菱山忠三郎『ワイド図鑑　身近な樹木』(主婦の友社)

協力　日本植物友の会の皆様、パラキナクラブの皆様、福岡植物友の会の皆様

本書の写真は山田隆彦による（下記を除く）

写真提供　有馬麗子（p84「カジノキ」右下・左下）、大場由巳（p25「バイモ」左下）、樹げむ舎（p100「ヤシャブシ」右下）、富岡紀三（p103「カブ」右・左上）、Tomo.Yun [http://www.yunphoto.net]（p149「スモモ」右・左上、p150「モモ」左下、p151「ナシ」左下）、naosan1963（p83「コウゾ」左上、p155「カラタチ」左上）、信田哲彦（p155「カラタチ」右）、村中真里（p151「ナシ」左上）、横倉山自然の森博物館（p174 の博物館外観）、渡辺正樹（p103「カブ」左下）

✻ 著者紹介

山田隆彦（やまだ・たかひこ）

「日本植物友の会」副会長。1945年生まれ。朝日カルチャーセンターなどで植物講座や観察会を開催。自然や植物の魅力を伝え、日本全国のみならず世界各地の植物を訪ね歩く。植物図鑑・雑誌の執筆や監修、写真提供など、幅広く活躍中。著書に『スミレハンドブック』（文一総合出版）、『野の花 山の花ウォッチング』（共著、山と渓谷社）など。

山津京子（やまつ・きょうこ）

フリーランス編集&ライター。中高年向けの食と旅の専門誌の取材・執筆をはじめ、育児・幼児雑誌などを多数手がける。編集した書籍に『池波正太郎の愛した味』（佐藤隆介著、小学館刊）など。

万葉歌とめぐる 野歩き植物ガイド 春〜初夏

2013年4月15日　初版印刷
2013年5月10日　初版発行

著者　山田隆彦・山津京子
ブックデザイン　斉藤恭子
イラスト　わたなべふみ
発行者　北山理子
発行所　株式会社太郎次郎社エディタス
東京都文京区本郷4-3-4-3F　〒113-0033
電話 03-3815-0605
FAX 03-3815-0698
http:www.tarojiro.co.jp/
電子メール tarojiro@tarojiro.co.jp
組版　滝澤博（四幻社）
印刷・製本　大日本印刷
定価　カバーに表示してあります

ISBN978-4-8118-0761-4　C2645